土壤板结与盐渍化

土壤板结

土壤盐渍化表现之一：表层变白

土壤盐渍化表现之二：表层变绿

土壤盐渍化表现之三：表层变红

连作障碍综合防控

行间铺草降低棚室内湿度并减少病害

番茄与大葱伴生栽培防治根结线虫

膜下浇水防病

熏烟防病虫

采用抗病品种、嫁接与轮作换茬

黄瓜抗病品种：博美28

黄瓜抗病品种：津优35

番茄抗线虫品种：青农866

番茄抗线虫品种： 天禧

辣椒抗病品种：37–74

辣椒抗病品种：曼迪

茄子抗病品种：布利塔

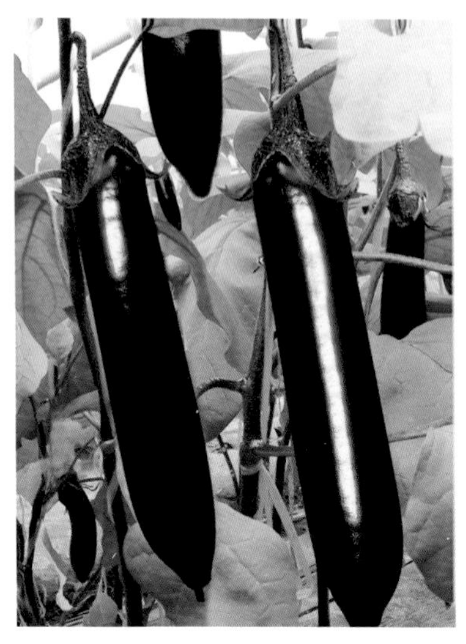

茄子抗病品种：黑帅

嫁接抗病砧木：赤茄

嫁接抗病砧木：托鲁巴姆

轮作换茬模式：蔬菜后茬种大葱

轮作换茬模式：蔬菜后茬种水稻

轮作换茬模式：蔬菜后茬种玉米

土壤消毒

地表覆膜蒸汽消毒法之一：蒸汽来源

地表覆膜蒸汽消毒法之二：覆膜

蒸汽注射消毒

火焰消毒

棉隆土壤消毒之一：浇水造墒

棉隆土壤消毒之二：施肥整地

棉隆土壤消毒之三：撒棉隆

棉隆土壤消毒之四：混土

棉隆土壤消毒之五：覆盖薄膜

棉隆土壤消毒之六：揭膜散气

棉隆土壤消毒之七：种子发芽实验

硫酰氟土壤消毒

秸秆生物反应堆建造与应用

棚室内外置反应堆建造之一：建池

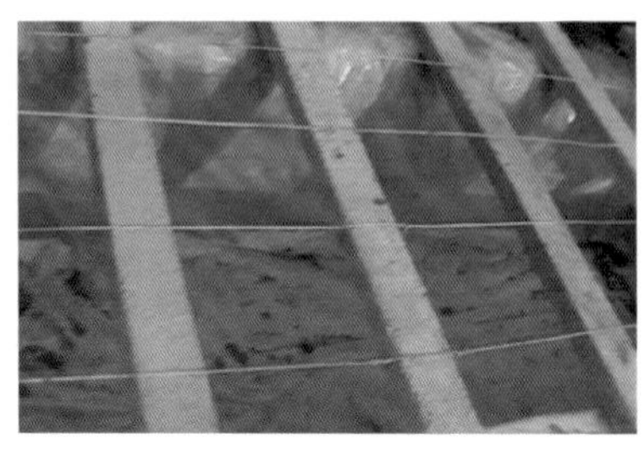

棚室内外置反应堆建造之二：放杆拉铁丝

棚室内外置反应堆建造之三：铺秸秆

外置式反应堆二氧化碳的输送

行下内置式秸秆生物反应堆之一：开沟

行下内置式秸秆生物反应堆之二：铺秸秆

行下内置式秸秆生物反应堆之三：撒菌种

行下内置式秸秆生物反应堆之四：埋秸秆

行下内置式秸秆生物反应堆之五：做好的秸秆生物反应堆

行间内置式秸秆生物反应堆之一：开沟

行间内置式秸秆生物反应堆之二：铺秸秆

秸秆生物反应堆技术在番茄上的应用

秸秆生物反应堆生长在草莓上应用

秸秆生物反应堆在西葫芦上应用

有机基质型无土栽培

栽培槽设置之一：隔离式

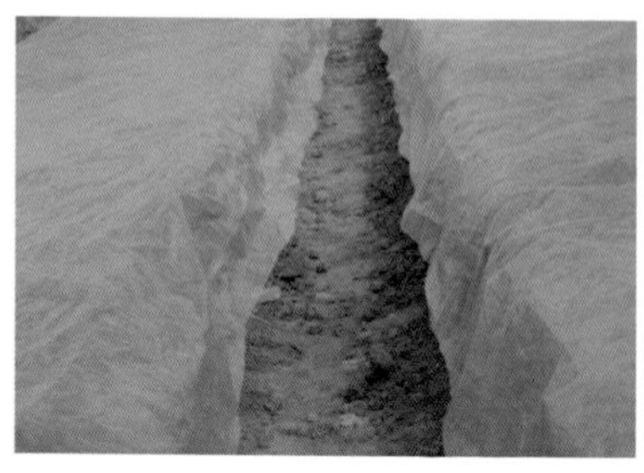

栽培槽设置之二：半隔离式

栽培槽设置之三：开放式

番茄有机基质型无土栽培

辣椒有机基质型无土栽培

韭菜有机基质型无土栽培

助力乡村振兴·促进蔬菜产业可持续发展

现代设施蔬菜连作障碍绿色防控技术

◎ 丁兆龙 焦自高 主编

中国农业科学技术出版社

图书在版编目（CIP）数据

现代设施蔬菜连作障碍绿色防控技术 / 丁兆龙，焦自高主编．—北京：中国农业科学技术出版社，2019. 5

ISBN 978-7-5116-4023-9

Ⅰ. ①现… Ⅱ. ①丁…②焦… Ⅲ. ①蔬菜园艺-设施农业-连作障碍-防治 Ⅳ. ①S626

中国版本图书馆 CIP 数据核字（2019）第 019172 号

责任编辑 崔改泵
责任校对 马广洋

出 版 者 中国农业科学技术出版社
北京市中关村南大街 12 号 邮编：100081
电 话 (010)82109194(编辑室) (010)82109702(发行部)
(010)82109709(读者服务部)
传 真 (010)82106650
网 址 http://www.castp.cn
经 销 者 各地新华书店
印 刷 者 北京富泰印刷有限责任公司
开 本 850 mm×1 168 mm 1/32
印 张 6. 5 彩页 12 面
字 数 175 千字
版 次 2019 年 5 月第 1 版 2019 年 5 月第 1 次印刷
定 价 28. 00 元

#《现代设施蔬菜连作障碍绿色防控技术》
编　委　会

编 委 会 主 任　高中强

编委会副主任　刘世琦　周绪元　门庆永

主　编　丁兆龙　焦自高

副主编　徐建堂　高俊杰　孙建磊　苏长跃

编　者（以姓氏笔画为序）

丁兆龙　门庆永　王　晓　王文军　王崇启
王献杰　付成高　冯连杰　刘中良　刘天英
刘祥礼　刘蕾庆　孙建磊　朱晓蕾　冷　鹏
张传坤　张光伟　张杨杨　张建怀　张艳艳
李文东　李圣辉　李全修　杨留锋　肖守华
邹永洲　苏长跃　郑华美　赵　西　徐建堂
高　超　高俊杰　崔艳秋　常传亮　焦　娟
焦自高　董玉梅　韩风浩　魏德军

前　言

中国是世界上的蔬菜生产和消费大国，蔬菜产业尤其是设施蔬菜产业已经成为我国农业的重要支柱产业之一，在增加农民收入、促进乡村振兴中发挥着重要作用。设施蔬菜生产是在不适宜蔬菜生长发育的季节，通过人为地创造有利于蔬菜生长发育的小气候环境，进行蔬菜生产的一种保护性生产方法。2016 年我国设施蔬菜面积 370.1 万 hm^2，总产量 2.6 亿 t，年人均近 190kg。设施蔬菜面积占蔬菜总面积的 17%，产量占蔬菜总产量的 30.5%，产值占蔬菜总量的半壁江山。全国设施蔬菜的种植面积正呈不断增加的趋势。随着设施蔬菜种植面积的增加，栽培种类单一、不合理连作重茬、肥水管理不到位等因素，导致土壤环境恶化、病虫害严重、蔬菜生长发育不良且产量和品质下降等蔬菜连作障碍问题越来越突出，严重影响着设施蔬菜的优质高产，成为制约我国设施蔬菜产业可持续发展的瓶颈因素，因而也受到有关政府部门、科技工作者和广大菜农的广泛重视。

本书结合作者多年从事设施蔬菜连作障碍的研究工作基础，并结合大量生产实践，分析了设施蔬菜土壤连作障碍的发生及成因，包括土传病害严重、土壤理化性状恶化、作物自毒等现象。防控设施蔬菜连作障碍是一项系统的技术工程，单一的技术应用往往达不到理想的效果，因此本书从土壤酸化防治、土壤板结防治、土壤次生盐渍化防治、土壤养分不平衡防治、土传病害防治等方面提出了设施蔬菜土壤连作障碍绿色防控的综合技术，轮作、间作套种、生物防治、选育抗重茬品种、嫁接栽培、增施有机肥、土壤消毒、无土栽培等综合措施的应用可以部分或全部解决蔬菜作物的连作障碍问题。本书对解决设施蔬菜连作障碍有重要作用的秸秆生物反应堆、土壤消毒、无土栽培等现代新技术进行了较为详细的介绍。

本书内容将理论与实践相结合，注重了新知识、新技术、新成果、新方法的介绍，实用性强。

本书由长期从事设施蔬菜栽培技术研究的科研人员和一线生产技术人员共同编著，适用于广大农技推广人员和设施蔬菜生产者使用。本书的出版对推动设施蔬菜产业的高质量、可持续发展，提高设施蔬菜产业科技含量和产品市场竞争力，增加农民收入等都具有重要意义。

本书的编著出版得到了国家西甜瓜产业技术体系潍坊综合试验站建设项目、山东省农业良种工程项目的经费支持，还得到山东省农业科学院蔬菜花卉研究所、山东省农业专家顾问团蔬菜分团、济南兆龙科技有限公司、中国农业科学技术出版社的大力支持，在此一并表示衷心的感谢。本书的编写中参考了近年来有关蔬菜连作障碍防控技术研究的大量文献资料，在此向有关同志深表谢意。

由于编著者水平所限，疏漏和谬误之处在所难免，恳请同行和读者提出宝贵意见。

编　者

2018 年 10 月

目　录

第一章　设施蔬菜土壤连作障碍的发生及成因

随着我国蔬菜产业的发展，设施蔬菜栽培面积不断扩大，虽然带来了显著效益，但由于自身的制约，土壤缺乏雨水洗淋，温度、通风、湿度和肥料等与传统种植有较大的区别，而且设施农业本身具有高集约化、高复种率、高施肥量等特点，导致一系列土壤退化问题。

同一作物或近缘作物连作以后，即使在正常管理的情况下，也会产生产量降低、品质变劣、生育状况变差的现象，这就是连作障碍。设施蔬菜连作障碍已成为制约我国设施蔬菜产业发展的瓶颈，连作造成的土壤质量和产品品质下降，严重威胁着设施蔬菜可持续发展、环境安全和人类健康。本章从土传病害加重、土壤理化性状恶化、连作自毒作用等方面系统综述了连作障碍发生的原因，为土壤连作障碍的防治提供一定参考。

第一节　土传病害加重

设施蔬菜具有高度集约化、复种指数高且种类单一的特点，连作模式加重了土壤环境的恶性循环，其中以土传病害发生和蔬菜生长受抑为主要表现，从发病面积和相对比例上看，目前我国是世界上蔬菜土传病害发生率最高和最严重的国家。

一、土传病害的种类及表现

土传病害是指病原体，如真菌、细菌、线虫和病毒随病残体生活在土壤中，条件适宜时从作物根部或茎部侵害作物而引起的病害。常见的设施蔬菜土传病害有根结线虫病、瓜类枯萎病、根腐病、疫病、苗期猝倒病等，茄果类的青枯病、根腐病、枯萎病、细菌性溃疡病等。

（一）根结线虫病

根结线虫病是由根结线虫引起的一类世界性的重要植物线虫病害，由于其寄主范围分布广泛及与其他病原物发生过程中的交互影响，几乎所有的蔬菜都是其危害的寄主。

根结线虫属于土壤定居型内寄生线虫，属根结线虫科、根结线虫属。目前，世界已知根结线虫的种类有 81 种，但引起蔬菜根结线虫病的线虫主要有南方根结线虫、北方根结线虫、爪哇根结线虫和花生根结线虫。根据山东省农业科学院植保研究所在山东范围内采集的主要设施蔬菜根结线虫标本的鉴定，山东省日光温室瓜菜根结线虫病原以南方根结线虫最为严重，危害蔬菜的种类最多，已成为危害蔬菜的优势种群。

根结线虫整个生活史经过卵、幼虫和成虫 3 个阶段。在田间，线虫以卵或其他虫态在土壤中过冬。在土壤里无寄主植物存在的条件下，仍可存活 3 年之久。当气温达到 10℃以上时，卵就能孵化出幼虫。根结线虫主要以二龄幼虫侵害作物，作物的根部、侧根和须根均可受害，幼虫从作物根毛或根部皮层侵入危害。受害后侧根根尖形成绿豆或小米大小串球状瘤状物及小根结（根瘤），根结上丛生小须根，根结初期黄白色、圆形、微透明，后期变褐色，严重时多个根结连在一起，形成直径大小不一的肿瘤，晚期粗糙易腐烂，根结上不再产生小侧根。根结线虫破坏了根组织的正常分化和生理活动，水分和养料的运输受到阻碍，导致植株矮小瘦弱，近底部的叶片极易脱落，上部叶片黄化，类似肥水不足症状，同时线虫侵染后留下的伤口有利于土传病害病原菌的侵入，常与蔬菜枯萎病、黄萎病、立枯病等土传病害共同发生，形成复合浸染，加重经济和产量的损失。

根结线虫在土壤中活动范围很小，靠自身活动不能远距离传播。远距离主要靠病土、病苗或带线虫的块根及块茎等传播。线虫生活需要较充足的空气，所以地势高燥、质地疏松、通气良好的沙质土壤上线虫发生相对严重。低洼潮湿、黏重板结的土壤不利于发生。线虫在土壤中的分布，以 10~30cm 深的土壤内为多，土温低于 12℃时或高于 28℃都不利于线虫的活动。根结线虫发育的适宜温度为 25~30℃，27℃时繁殖一代需 25~30 天，幼虫在 10℃时停止活动，55℃经 10min 就可死亡。

（二）枯萎病

枯萎病是由半知菌类亚门镰孢霉菌属尖镰菌引起的真菌性病害，枯萎病属于维管束病害。

枯萎病主要危害黄瓜、西瓜、南瓜、丝瓜、甜瓜、辣椒、茄子、番茄、菜豆等蔬菜作物。其典型症状是植株萎蔫。发病初期，病株叶片自上而下逐渐萎蔫，状似缺水症状，到中午前后，萎蔫症状更为明显，但早晚温度低湿度大时仍能恢复。经数天后，病情加重，萎蔫叶片逐渐增多，叶片由绿逐渐变黄，最后遍及全株，最终枯死。在番茄、茄子、辣椒等蔬菜上常出现植株一侧发病，另一侧正常的“半边枯”的现象，在同一叶片上也会看到一半发黄，另一半正常的情形。观察病株茎基部，可发现水渍状病斑，后变为黄褐色或黑褐色。切开病茎维管束变褐色，湿度大时，可见病部表面有白色或粉红色霉状物，有时病部溢出琥珀色胶质物。

枯萎病菌有不同的专化型，对不同作物的侵染能力有差异，对极限温度的承受能力也有差别，但在形态上都具有尖镰孢属的共同特征。

枯萎病菌以菌丝、菌核、厚垣孢子在土壤、病残体上，或未经高温腐熟的肥料中越冬，种子也可带菌。该菌有较强腐生性，在土壤中能存活 5~6 年，厚垣孢子及菌核通过牲畜消化道后仍不失掉生活力，所以施用未充分腐熟的有机肥发病重，播种带菌种子加重发病。该病在瓜田内借灌溉水、雨水、人畜活动、农事操作及农具传播。当有地下害虫和线虫危害时，造成根和根茎部伤口，为病菌侵入创造了条件。在土壤中休眠的枯萎病菌，受到瓜类蔬菜根系分泌物的刺激，可打破休眠，在适宜的温、湿度下萌发出芽管，从根部、根尖或伤口侵入，进入维管束后长出菌丝及分生孢子，向植株上部转移危害。其中，病菌在维管束中分泌镰刀菌毒素，引起植株中毒、萎蔫。此外，形成的菌丝和孢子还会堵塞导管，影响水分运输。

土壤中病原菌量的多少是当年发病程度的决定因素之一。重茬次数越多病害越重。土壤高湿是发病的重要因素，根部积水，促使病害发生蔓延。在适宜温度条件下，相对湿度达 85%以上容易感病，湿度越大发病越重。一般当日平均气温稳定在 20℃时，田间开始出现病株。病菌发育和侵染寄主的适温为 24~30℃。如果气温低于 20℃或高于 35℃时，病菌繁殖较慢则不易感染发病。氮肥过多以及酸性土壤有利于病菌活动，在 pH 值为 4.5~6 的土壤中枯萎病发生严重，地下害虫、根结线虫多的地块病害发生重。所以，土质黏重、地势低洼、地下水位高、排水不良、通风性能差的农田较易发生；氮肥过量，磷、钾肥不足或施用未经腐熟的禽畜粪肥也易发生。

枯萎病与细菌性青枯病症状的区别在于：①枯萎病病萎下垂多自下部叶片开始，且先呈黄色；青枯病病萎下垂多自顶部开始，叶色虽欠光泽但却青绿。②枯萎病病程进展较缓慢（发病到枯死一般需 20~30 天）；青枯病病程短而急。③病检两病根茎

维管束均变褐，但枯萎病患病部位表面潮湿时长出近粉红色霉层，用手挤压茎切口无乳白色混浊液渗出，而青枯病患病部位表面无霉层病症，挤压病茎切口有乳白色混浊液涌出（菌脓，质黏）。

（三）青枯病

青枯病的病原菌属茄科劳尔氏菌，细菌，是番茄、茄子、辣椒、马铃薯等茄科蔬菜的主要病害。随着连作年限的增加，青枯病发生加重。发病初期，地上部未见任何异常现象的植株，白天突然失去生机，整个地上部均萎蔫。阴天和早晚有所恢复，如同健株，然而，不久之后便枯萎，但茎叶仍保持绿色，呈青枯症状，这一过程进展十分迅猛。观察植株的细根首先褐变，切开接近地面部位的病茎可以发现维管束略有褐变，病茎的褐变部位用手挤压，有乳白色菌液排出。

青枯病病菌可以同病残体一同进入土壤。在湿度大的土壤中可以生存 2~4 年。主要通过田间作业或害虫造成的伤口侵染植株，在茎的导管部位和根部发病。

在高温高湿、重茬连作、土质黏重、田间积水、土壤偏酸、偏施氮肥等情况下，该病容易发生。病菌在 10~41℃下生存，在 35~37℃下生育最为旺盛。一般从气温达到 20℃时开始发病，地温超过 20℃时则十分严重。

（四）根腐病

根腐病主要由真菌引起，有腐霉属（*Pythium*）、疫霉属（*Phytophthora*）、丝核菌属（*Rhizoctonia*）、镰刀菌属（*Fusarium*）等主要的病原物。

根腐病主要危害幼苗，成株期也能发病。病叶自下向上蔓延，不脱落。植株下部叶片枯黄，叶片边缘枯萎，病根侧根少，植株易拔除。主根的上部和茎的地下部分变成褐色或者黑色，病部稍凹陷，有时开裂。发病初期，仅仅是个别支根和须根感病，并逐渐向主根扩展，主根全部染病后，地上茎叶萎蔫枯死。潮湿时，病部产生粉红色霉状物。主要侵染根及茎部，初期呈水浸状，逐渐腐烂。茎基缢缩不明显，病部腐烂处的维管束变褐，但不向上发展，不同于枯萎病。后期病部往往只留下丝状维管束。病株地上部初期症状不明显，后随着根部腐烂程度的加剧，吸收水分和养分的功能逐渐减弱，地上部分因养分供不应求，新叶首先发黄，在中午前后光照强、蒸发量大时，植株上部叶片才出现萎蔫，但夜间又能恢复。病情严重时，萎蔫状况夜间也不能再恢复，整株叶片发黄、枯萎。此时，根皮变褐，并与髓部分离，最后全株死亡。

病菌在土壤中或病残体上越冬，成为翌年主要初侵染源。一般多在 3 月下旬至 4 月上旬发病，5 月进入发病盛期，其发生与气候条件关系很大。病菌从根茎部或根部伤口侵入，通过雨水或灌溉水进行传播和蔓延。地势低洼、排水不良、田间积水、连作及棚室内滴水漏水、植株根部受伤的田块发病严重。年度间春季多雨、梅雨期间多雨的年份发病严重。育苗时，床土黏性大、易板结、通气不良致使根系生长发育受阻，也易发病。

（五）猝倒病

猝倒病是由鞭毛菌亚门腐霉属瓜果腐霉菌引起的真菌性病害。

主要发生在幼苗生长初期，以 1~2 片真叶前受害重，死苗快。种子在幼苗出土之前染病，造成烂种、烂芽。幼苗出土后，幼茎基部出现（水渍状）黄褐色病斑，继而迅速扩展，使病部缢缩成细线状，病苗倒伏地面而不能直立。开始只个别幼苗零星发病，数日内即可以此为中心迅速向四周扩展蔓延，引起成片死苗。苗床湿度大时，在病苗或其附近床面上常密生白色棉絮状菌丝。

病菌以卵孢子或菌丝在土壤中及病残体上越冬，并可在土壤中长期存活。主要靠喷淋而传播，带菌的有机肥和农具也能传病。病菌在土温 15～16℃时繁殖最快，适宜发病地温为 10℃，故早春苗床温度低、湿度大时利于发病。光照不足，播种过密，幼苗徒长往往发病较重。浇水后积水处或薄膜滴水处，最易发病而成为发病中心。

（六）立枯病

立枯病是由半知菌亚门立枯丝核菌侵染引起真菌性病害。

立枯病主要发生在育苗的中后期。病苗茎基部产生椭圆形暗褐色病斑，早期病苗白天萎蔫，夜间恢复正常。以后病部凹陷，湿度大时在病部产生淡褐色蛛丝状霉。当病斑绕茎一周时，最后病部收缩干枯，幼苗逐渐枯死，但不猝倒。主要危害番茄、辣椒、黄瓜、茄子、豆类等幼苗。

立枯病与猝倒病症状的区别在于：立枯病多在育苗中后期发生，发病中无絮状白霉，植株发病过程中不倒伏。猝倒病常发生在幼苗出土后、真叶尚未展开前，产生絮状白霉、倒伏过程较快，主要危害苗基部和茎部。

病菌以菌丝和菌核在土壤或寄主病残体上越冬，腐生性较强，可在土壤中存活 2～3 年。混有病残体的未腐熟的堆肥，以及在其他寄主植物上越冬的菌丝体和菌核，均可成为病菌的初侵染源。病菌通过雨水、流水、沾有带菌土壤的农具以及带菌的堆肥传播，从幼苗茎基部或根部伤口侵入，也可穿透寄主表皮直接侵入。病菌生长适温为 17～28℃，12℃以下或 30℃以上病菌生长受到抑制，故苗床温度较高、幼苗徒长时发病重。

二、土传病害加重的原因分析

（一）蔬菜作物连作

连作是土传病害形成的主要人为因素，连年在同一大棚里种植同一种蔬菜或同科蔬菜，使相应的某些病菌得以连年繁殖，在土壤中大量积累，形成病土，年年发病。重茬次数越多，土传病害就越重。另外，连作重茬还会引起土壤养分供应不均衡，造成蔬菜植株抗病或抗逆性减弱，加剧土传病害的发生，如茄科蔬菜连作，疫病、枯萎病等发生严重；西瓜连作，枯萎病发生严重；姜连作，可导致严重的姜瘟；草莓连作 2 年以上则死苗 30%~50%。

（二）灌溉方法不当

大水漫灌，有利于病原菌随水流迅速传播，加之根部积水，根系活力降低，有利于病原菌侵染。严冬季节大量灌水或灌溉次数太多，土壤呈现高湿、低温环境，也会加重土传病害的发生。

（三）肥料使用不当

设施蔬菜生产所使用的有机肥，如果没有经过充分腐熟而直接用于生产，致使病原菌和线虫随粪肥带进生产田里造成危害。另外，由于连年偏施化学肥料，甚至盲目追施氮、磷肥料，忽略钾肥和微量元素的使用，造成土壤养分供应不均衡、土壤有益微生物数量减少，致使蔬菜生长发育不健壮，抗病性减弱。

（四）药剂使用不当

土壤中含有大量的有害菌，不同的致病菌导致蔬菜根部出现不同的病害。需要正确判断病害的种类，选用合适的药剂才能有效治疗，否则一旦错过了最佳的防治时期就很难挽回。

第二节　土壤理化性状恶化

一、土壤酸化

（一）土壤酸化的表现

研究表明，与露地耕种土壤相比，设施土壤表现出随着种植

年限的增加，土壤的缓冲性能降低，土壤 pH 值下降而形成土壤酸化等特征，且随着种植年限的增加，土壤的缓冲性能降低，离子平衡能力遭到破坏，土壤 pH 值下降而酸化加重。

1. 对土壤营养成分的影响

土壤酸化会加重铝和锰的毒害，而容易缺乏 Mg、Ca、Zn、Mo 等元素。土壤酸化可增加 Ca^{2+}、Mg^{2+} 的淋溶，进一步使土壤酸化加剧。大部分中、微量元素吸收利用率很低。土壤酸性不单使 70% 的氮素流失，同时也使 60%～80% 的易生成不溶性物质的磷钾成分吸收不了，加上酸性导致根系生长弱及养分自身吸收利用率低，对设施蔬菜生产造成不利影响。

2. 土壤有益生物菌群的变化

土壤酸化使细菌个体生长变小，生长繁殖速度降低，如分解有机质及其蛋白质的主要微生物类群芽孢杆菌、放线菌和有关真菌数量降低，土壤微生物的氨化作用和硝化作用能力下降，影响营养元素的良性循环，从而造成作物减产。

3. 对蔬菜生长和产品的影响

土壤酸化可加重土壤板结，使根系伸展困难，发根力弱，缓苗困难，容易形成老小树、老僵苗，根系发育不良而吸收功能降低，长势弱，产量降低。土壤酸化较严重时，土壤活性铝、锰等元素因活化而在土壤中含量增加，可降低蔬菜根系细胞分裂及呼吸作用，甚至引起植株中毒等，使设施蔬菜产品品质降低。土壤酸化时较多的氢离子也对蔬菜吸收其他阳离子产生一定的拮抗作用，影响蔬菜品质。

4. 对蔬菜病害发生的影响

由于土壤酸化，改变了土壤微生态环境，根际有害微生物在酸性条件下大量繁殖，根际病害加重，且控制困难。一般认为，土壤酸化使得茄果类蔬菜的青枯病、黄萎病增多。马铃薯疮痂病与 pH 值有较明显的关系，通过调节 pH 值，可以控制该病害的发生。在酸性缺钙土壤中，发生大白菜心腐病、番茄脐腐病，黄瓜霜霉病等。同时，由于土壤结构被破坏，土壤板结，理化性质变坏，使蔬菜抵御旱涝能力减弱，也易使其发生各种病害。

（二）土壤酸化的原因分析

设施土壤酸化是由于 H^+ 的输入。由于设施栽培特殊的封闭环境，土壤并没有降雨及酸沉降等携带外源 H^+ 的进入。影响设施土壤的因素主要有以下几个方面。

1. 土壤自身产生有机酸

土壤有机质的分解可以产生有机酸，土壤中微生物及植物根系的代谢作用可以产生碳酸。

2. 过量使用氮肥

长期大量施用化肥是造成土壤酸化的重要原因。施用到土壤中的氮肥除被蔬菜吸收一部分以外，大部分残留在土壤中，特别是在连年栽培蔬菜的温室中，氮肥的积累越来越多，再加之土壤通气不良，造成氮素在土壤上层积累，氨化继而被硝化后引起土壤酸化。过量的氮肥还会引起土壤钾、钙、镁、锌等大、中、微量元素的淋失，使土壤严重酸化。不同的氮肥品种对土壤的制酸能力有差异，其中硫酸铵的制酸能力最强，其次是硝酸铵、尿素。

3. 栽培管理的原因

棚内温湿度高，雨水淋溶作用少，随着栽培年限的增加，耕层土壤酸根积累严重，导致土壤酸化。由于大棚蔬菜的产量和复种指数高，肥料用量大，导致土壤有机质含量下降，缓冲能力降低，土壤酸化问题加重。

4. 酸性和生理酸性化肥的使用

长期大量使用酸性和生理酸性化肥的使用也会加重土壤的酸化程度。据报道，在酸性土壤中施用硫酸钾、硫酸铵、尿素、硝酸钾、硝酸铵和氯化钾等化肥都会使土壤的酸度有不同程度的增加，主要是这些化肥中的阳离子可以交换出氢、铝离子，从而增大土壤的酸度。单施氮钾化肥会加速土壤的酸化，而配合施用磷、钙及有机肥料，则可改良酸性土壤。

二、土壤板结

（一）土壤板结的表现

土壤板结是指土壤表层因缺乏有机质，结构不良，在灌水或降雨等外因作用下结构破坏、土料分散，而干燥后受内聚力作用使土面变硬的现象。土壤中有机质的含量是土壤肥力的一个重要指标，有机质含量低，土壤保水、保肥能力和通透性降低，易造成土壤板结。

1. 土壤理化性状改变

在土壤板结或过湿的情况下，土壤中土壤孔隙度减少，通透性差，地温降低，致使土壤中好气性微生物的活动受到抑制，水、气、热状况不能很好地协调，其供肥、保肥、保水能力弱，土壤板结还延缓了有机质的分解，土壤理化性质逐渐恶化，地力逐渐衰退，土壤肥力随之下降。

2. 影响作物生长

土壤板结还会导致作物根系下扎受到限制，土壤板结后变硬，根系无法下扎，无法吸收施入土壤中有效养分，导致肥料浪费残留，保水保肥能力下降，影响作物生长。土壤板结会导致透气性下降，其结果就是根系的有氧呼吸减弱甚至进行无氧呼吸，根系吸收营养元素困难，不利于作物的生长。

（二）土壤板结的原因分析

1. 不合理施用化学肥料

蔬菜进行施肥时，受到人为因素影响较大，人们施肥时习惯凭经验，存在很大的盲目性，导致土壤中氮、磷、钾肥的用量不合理。在大部分菜区，存在长期大量不合理施用化学肥料的现象。化学肥料的大量使用，就使得土壤团粒结构破坏严重，透气性降低，好氧性的微生物活性下降，土壤熟化慢，从而造成土壤板结。

由于保护设施形成一个独特的环境，使蔬菜生产的环境条件、施肥条件、土壤条件等都发生了根本性的变化，如果没有采取正确的施肥技术，将会使土壤条件恶化，对蔬菜生产造成不良影响。

2. 有机肥施用少

施用化肥单一，有机肥严重不足，致使土壤有机质含量偏低、结构变差，造成土壤的酸碱性过大或过小。施肥过程中重氮轻磷钾肥，土壤有机质下降，腐殖质不能得到及时补充，影响微生物的活性，从而影响土壤团粒结构的形成，导致土壤板结。另外，大量没有腐熟的畜禽粪等酸性肥料的施用会产生有机酸，残留在土壤耕作层，随着栽培年限的增加，导致土壤板结。

3. 复种指数高

设施蔬菜产量大，一块地连续多年种植同一种蔬菜，作物对某种养分的需求比较单一，导致了土壤中某些中、微量元素消耗过度，而其他养分相对过剩，复种指数高又造成化肥用量大，加重了土壤板结。

4. 不合理浇水

大水漫灌或沟灌，破坏了灌溉行土壤的团粒结构，导致土壤通气性、透水性能变化，土壤板结。

5. 田间操作

棚室蔬菜多采用人工翻地，导致土壤活土层变浅，阻碍根系下扎，深层土壤中的水分和养发不能被吸收利用。生产操作过程中，人为的踩踏、踩压，未能及时疏松土壤，易造成土壤透气性差，形成板结。

三、土壤次生盐渍化

土壤盐渍化是指土壤中的易溶性盐分随水向表层积累，且其含量超过0.1%~0.2%的现象或过程。设施土壤发生次生盐渍化后，土壤团粒结构受到破坏，大孔隙减少，通透性变差，盐分不能渗透到土壤深层，干燥时土壤表面有明显的白色盐霜并板结，破碎后呈灰白色粉状，湿润时土壤颜色比正常土壤发黑，土表出现一块块紫红色胶状物，使土壤的物理性能恶化。

（一）土壤次生盐渍化的表现

1. 对设施菜地土壤质量的影响

土壤盐渍化使菜地土壤团粒结构受到破坏，大孔隙减少，通透性变差，盐分不能渗透到土壤深层，加剧了盐分向表层积聚。土壤中的盐分可抑制土壤微生物的活动，影响土壤养分的有效化过程，从而间接影响土壤对作物的养分供应。随着土壤含盐量的增加，首先抑制土壤微生物活动，降低土壤中硝化细菌、磷细菌和磷酸还原酶的活性，从而使 N 的氨化和硝化作用受抑制，土壤有效 P 含量减少，硫酸铵和尿素中氨的挥发随之增加。如氯化物盐类能显著地抑制氨化作用，当土壤中 NaCl 达到 2.0g/kg 时，氨化作用大为降低，达到 10g/kg 时氨化作用几乎完全被抑制，而硝化细菌对盐类的危害更加敏感。

2. 对设施蔬菜的危害

（1）蔬菜生理干旱。设施土壤次生盐渍化后，土壤中可溶性盐类过多，渗透势增高，从而使土壤水势降低，引起植物根细胞吸收土壤水分困难甚至产生脱水，因此，盐害的通常表现是生理干旱，尤其是在高温强光照情况下，生理干旱现象表现得更为严重。蔬菜发生生理干旱后易引起生长发育不良，植株抗病性下降，病虫害加重等后果，严重影响蔬菜的产量和品质。

（2）影响蔬菜对养分的吸收。作物所需的养分一般都是伴随水分进入植物体内，盐分过多，影响作物吸收水分，因此也影响作物对养分的吸收。硝酸盐积累，可引起蔬菜对各营养元素吸收不平衡，酸性土中硝酸盐积累可引起 Fe、Mn 中毒和发生 Zn、Cu 缺乏症；石灰性土壤则可能引起 Fe、Zn 和 Cu 等元素的缺乏。土壤溶液中 Na^+、Cl^- 的大量存在，会抑制植物对 Ca^{2+}、Mg^{2+}、Fe^{2+}、Fe^{3+} 等离子的吸收，破坏植物体内的矿质营养过程，植物的营养状况失去平衡。从离子毒害性的角度分析，土壤 NO_3^- 过量累积，使蔬菜体内硝酸盐积累，品质变劣，降低蔬菜的市场竞争力；人体摄入的硝酸盐在细菌作用下可还原成亚硝酸盐，亚硝酸盐可与人和动物摄取的胺类物质在胃腔中形成强力致癌物——亚硝胺，从而诱发消化系统癌变，危害人类自身的健康；Cl^- 还会对作物产生直接的毒害作用，如 Cl^- 使作物体内的叶绿素含量降低，蔬菜淀粉及糖分降低，品质变劣。

黄瓜和番茄等果菜类蔬菜对盐渍化敏感，具体表现为：黄瓜和番茄定植后缓苗慢，叶色变深，叶片变小，缓苗后生长速度也较正常土壤慢。积盐严重时，黄瓜叶片边缘干枯呈“镶金边”状，龙头有“花打顶”症状，黄瓜有明显苦味。番茄则叶片变小，呈灰绿色，落花及“僵果”率明显增加。

（二）土壤次生盐渍化的原因分析

1. 设施封闭环境

在设施栽培条件下，由于作物生长环境密闭，不受降雨等自然条件影响，土壤中的盐分不能随雨水冲刷流失或淋溶渗透到深层土壤中去，残留在表土中的多余盐分也就难以流失或淋失。大棚、温室内空气相对湿度一般保持在 80%~90%，尤其是在冬季不通风条件下，由于地面蒸发和蔬菜蒸腾的水分不能向棚外对流外散，加上人工灌水深度也仅限于耕层，棚室内空气湿度通常在 80%~100%。棚内气温高，土面蒸发强烈，土壤水分在蒸发力的作用下，沿土壤毛细管由下向上移动，还会使土壤中的盐分随水上升，导致盐分在地表集聚或土壤盐渍化。因此，封闭条件下特殊的温度和湿度条件是导致设施土壤次生盐渍化的重要原因之一。

2. 盲目施肥

设施土壤的盐分主要来源于盲目施肥。生产者为了追求高产量和高利润，多数菜农没有根据栽培作物生长发育的养分需要来实施合理施肥，往往不惜成本，实行高肥栽培。盲目施肥主要表现为：有机肥施用不足，化肥施用量过大，氮、磷、钾养分比例极不协调，有机无机肥料配比不当等，致使大量的盐分离子不能被作物有效吸收而残留在土壤中，导致土壤次生盐渍化。此外，偏施硫酸铵、氯化铵、硫酸钾和氯化钾等肥料，由于蔬菜选择性地吸收铵根离子和钾离子，硫酸根离子和氯离子则大量残留在土壤中，而且不易被土壤胶体吸附，这一方面提高了土壤溶液的盐分离子浓度；另一方面又引起土壤 pH 值降低，使铁、锰、铝等元素的溶解度提高，从而使土壤盐溶液的盐分浓度进一步升高，加剧了土壤次生盐渍化的发生。

3. 种植年限及土层深度与盐分积累的关系

由于设施菜地土壤仅在撤掉棚膜的棚室休闲期才受降雨淋洗，施入的多余肥料则大部分残留于土壤中并逐年累积。因此，随着棚室使用年限不断延长，土壤中盐分的累积量也不断增加。李涛等（2018）研究表明（表 1-1），在日光温室中，种植年限越长，盐渍化程度越高，但盐土出现年限一般为 9 年，低于中度盐渍化的平均年限为 10. 17 年，可能与土壤和地下水矿化度有关；在大拱棚中，种植年限越长，盐渍化程度越高，盐土出现的年限最长（20 年），非盐渍化和轻度盐渍化年限较短，为 8. 65 年和 8. 67 年；中、小拱棚中，种植年限较为平均，最低为 9. 32 年，最高为 10. 89 年，轻度盐渍化土壤最高。在日光温室中出现盐土的年限最短，说明盐渍化程度不完全与种植年限密切相关，可能与设施菜地有季节性揭棚等因素相关。盐分含量在一年中会出现明显的季节性消积变化现象，即冬春覆棚时表土盐分积累，夏季揭棚后，表土含盐量明显下降，但随着使用年限的增长，整个土体内盐分仍呈逐年累积趋势。设施菜地在 0~8 年内，随着种植年限的增加，土壤全盐含量呈现增加的趋势。

表 1-1　不同设施类型土壤盐渍化平均种植时间（单位：年）

盐渍化程度	日光温室	大拱棚	中小拱棚
非盐渍化	6. 94	8. 65	9. 79
轻度盐渍化	9. 01	8. 67	10. 89
中度盐渍化	10. 17	11. 52	9. 32
重度盐渍化	11. 29	16. 50	10. 50
盐土	9	20	—

另外，日光温室中土壤硝酸盐积累的程度在一定程度上反映了土壤盐分积累的情况。根据作者多年的研究，土壤中硝酸盐表层集聚明显，即越往表层积累越多（图 1-1）。

4. 灌溉不合理

设施栽培的灌溉系统不合理也是引起土壤次生盐渍化的主要原因，主要表现为灌溉水污染、灌溉频繁以及灌溉方式不合理等。灌水频繁，造成土壤湿度加大，通透性变差，也能抬高地下水位，增加地下水通过土壤毛细管向上运行的速度和地下水蒸发量，从而增加了下层土壤盐分向表土的积累。张玉龙等（2003）研究表明（表 1-2），不同灌水方法的 0~20cm 土层土壤全盐含量差异明显；滴灌、渗灌和沟灌 3 种灌水方法下的土壤全盐含量分别为 0. 820g/kg、1. 934g/kg 和 2. 545g/kg，即沟灌土壤含盐量明显高于渗灌，渗灌又明显高于滴灌。而且，土壤酸化趋势明显，渗灌、滴灌和沟灌处理的 0~20cm 土层土壤 pH 值从试验前

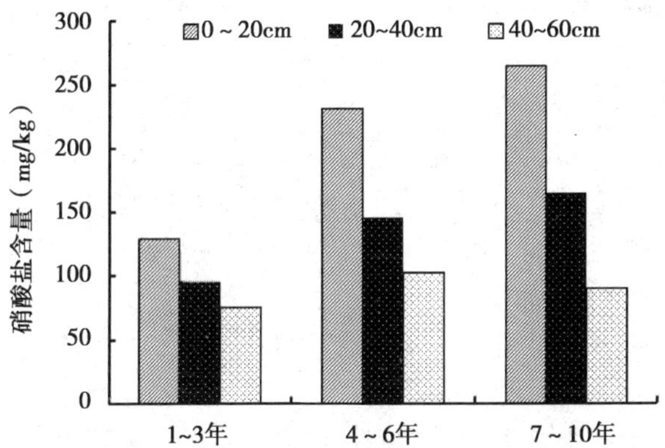

图 1-1　日光温室种植年限和土层深度与硝酸盐积累的关系

的 6.80 分别下降至 6.31、6.65 和 6.33，沟灌和渗灌土壤的酸化程度也明显高于滴灌。

表 1-2　不同灌水方法 0～20cm 土层 pH 值及盐分含量

灌溉方法	pH 值	EC（mS/cm）	全盐（g/kg）
渗灌	6.31	0.549	1.934
滴灌	6.65	0.225	0.820
沟灌	6.33	0.515	2.545

四、土壤养分不平衡

由于不合理的施肥，加之作物对其具有特定的吸收规律，导致设施土壤养分失衡。

（一）土壤养分不平衡的表现

1. 引起土壤缺素症

土壤养分失衡最明显的表现就是缺素症的发生。由于菜农在施肥过程中普遍重视大量元素，忽视中、微量元素，导致土壤养分不平衡的问题十分严重。大多数棚室土壤都存在氮磷钾过量而中、微量元素不足的情况。大量元素肥料多，往往会降低中、微量元素肥料的有效性，土壤中磷、钾等元素含量过多，会抑制作物对钙、镁、锰、硼、锌等中、微量元素的吸收。连作蔬菜地易发生缺钙引起的大白菜干烧心，番茄、甜椒脐腐病等，缺硼引起萝卜、芹菜茎裂病，叶片扭曲变厚变脆等症状。

2. 影响蔬菜品质

设施蔬菜生产中氮、磷化肥用量普遍偏高，造成氮、磷积累，氮、磷、钾养分与蔬菜需求比例不协调；化肥与有机肥施用不平衡，有机肥使用少、化肥使用多，也在一定程度上加剧了养分失衡的状况。对微量元素的忽视导致中、微量元素的相对缺乏，造成养分不均衡，降低作物抗逆性，引发设施蔬菜生理病害，加剧病虫害发生，进而影响蔬菜的产量和品质。

3. 肥害增多

农民在设施施肥时往往偏施氮肥，以为氮肥见效快，易增产，但却忽略了氮肥过多的情况下，铵态氮易转化为亚硝酸、二氧化氮气化，当二氧化氮浓度达到 2mg/kg 时，就会毒害作物叶片，叶背产生白斑和黄色小斑点等肥害症状，同时植株内游离氨过多，植物免疫力会大幅下降，蔓枯病、炭疽病、霜霉病、病毒病等病虫害易严重发生。同时，造成土壤盐积累和硝酸盐污染，硝酸盐的积累会导致蔬菜作物中硝酸盐含量超标，从而影响蔬菜品质。

（二）土壤养分不平衡的原因分析

1. 作物吸收规律不同

长期种植同种或同科蔬菜，其吸收养分的能力总是停留某一水平上，必然会导致土壤中某些元素缺乏，其不需要或需要较少的元素积累过多，导致土壤养分分布不均衡。

另外，同种作物根系吸收范围固定在一定土层，也会造成该

土层中养分被吸收利用得多，而另外一些土层中的养分利用较少，导致土壤养分分布不均衡。

2. 施肥结构不合理

菜农为了获取较高的产量和经济利益，化肥投入过大，造成部分日光温室及大棚土壤氮、磷大量积累，土壤氮、磷、钾施用比例不协调。受施肥习惯的影响，有的菜农偏施尿素、碳铵等氮肥，有的菜农偏施磷酸二铵等含磷量极高的复合肥，造成磷含量偏高，钾及其他元素相对不足，造成土壤养分不平衡，成为影响棚室蔬菜高产的障碍因素。

3. 有机肥施用不合理

施用化肥单一或者有机肥施用过程中未施用腐熟有机肥，致使土壤有机质含量偏低、结构变差，造成土壤的酸碱性过大或过小，影响蔬菜对不同种类营养元素的吸收，造成营养不均衡。

第三节　作物自毒

一、自毒现象

（一）自毒现象定义

在蔬菜生产过程中，发现连续种植同一种作物往往导致大幅减产，即前茬作物产生的化感物质可以抑制后茬作物的生长，这种现象称为自毒现象。自毒作用是一种发生在种内的生长抑制作用，连作条件下土壤生态环境对植物生长有很大的影响，尤其是植物残体与病原微生物的代谢产物对植物有致毒作用，并连同植物根系分泌的自毒物质一起影响植株代谢，最后导致自毒作用的发生。

（二）自毒作用对作物影响

根分泌物中的作物生长抑制剂主要是酚类化合物，前人用气—质联用仪分离检测出了苯甲酸苯乙酸、肉桂酸等 16 种酚类化合物。根分泌物中的有机酸和酚酸在植物的根际营养和植物间的化感作用中起着重要的作用。

当作物自身的根系分泌物、其茎叶的淋溶物及残体分解产物等所产生的有毒有害物质累积较多时，就会产生抑制根系生长、降低根系活性、改变土壤微生物区系的作用，且这种作用往往有助于病原菌的繁殖，促进了土传病虫害的发生，最终导致了作物生长不良、发病乃至死亡。

二、根系分泌物与连作障碍关系

（一）蔬菜作物根系分泌物

在蔬菜作物生长过程中，根系从土壤中吸收水分、养分的同时，还通过分泌的方式向根周围释放出某些化合物，由根系的不同部位分泌或溢泌一些有机化合物和无机离子，这些物质统称为蔬菜类作物根系分泌物。根系分泌物包括低相对分子质量的有机物质、高分子的黏胶物质、根细胞脱落物及其分解产物以及气体、质子和养分离子等。根系分泌物既是化感物质的主要来源，又可改变作物根际的土壤理化性质，还可通过提供物质和能量来调节改变根际微生物的群落组成，维系着作物—土壤—微生物整个生态系统的稳定平衡。蔬菜作物根系分泌的化合物中存在对于植物生长起化感抑制作用的自毒物质，从而导致或加剧连作障碍。同时，根系分泌物中也存在一些化感促进物质，可以起到抗病的作用。

1. 根系分泌物种类

低分子分泌物主要有有机酸、糖类、酚类和各种氨基酸。高分子分泌物主要包括黏胶和外酶，其中，黏胶有多糖和多糖醛酸。蔬菜类作物根系分泌的有机物中，可溶性物质包括碳水化合物、氨基酸和有机酸，供作物吸收利用和促进土壤中难溶态物质活化为有效态。天然化合物中有肽、维生素、核苷、脂肪酸和酶类等，为根际微区中的土壤微生物提供能源。根系还能分泌对植物有抑制作用的物质，如酚类化合物、苯甲酸和阿魏酸等。

2. 根系分泌物的分泌机理

关于植物根系分泌的机理，许多学者的观点并不一致。但从代谢角度来考虑，基本是两条途径，即植物的代谢途径和非代谢途径。代谢途径产生的根分泌物又可分为初生代谢和次生代谢产生的分泌物。初生代谢为植物的生长、发育和生殖提供物质能量及信息，在代谢过程中会有部分物质以根分泌物的形式释放到根际，其释放强度与根的生长能力、根际微生态环境有关，如 CO_2、C_2H_2、HCO_3^-、H^+、有机酸等。当根系处于逆境胁迫下，如盐害、营养胁迫等，植物为适应环境胁迫，可以通过自身的调节，分泌专一性的物质。次生代谢的产物不直接参与植物的生长、发育和繁殖。酚类物质是最重要的次生代谢产物，过去人们常常认为次生代谢产物是代谢过程的副产品，由于不参与植物的生命过程，被认为是一种能量浪费。但现在人们发现次生代谢产物特别是酚类物质，在植物抵制不良环境的侵袭、防御外来因素干扰方面具有重要的生态学意义。越来越多的证据证明，根系的次生代谢产物——酚酸是重要的化感物质，这些酚酸物质主要通过莽酸途径产生。非代谢途径产生的根系分泌物主要是不受植物代谢调控释放的分泌物，这些分泌物主要是指细胞间隙的渗透物、根细胞的分解产物和细胞内含物的释放，当细胞膜的透性和完整性受到损伤时，细胞中的有机物会大量泄漏释出，使根系分泌物的量迅速增加。

根分泌物是由根系不同部位分泌产生的。根冠细胞寿命短、易脱落，且细胞内的高尔基体容易大量分泌黏液，是形成黏胶层的主要部位。分生区分泌作用较弱，分泌物较少。伸长区是根分泌物释放的主要部位，该区根毛易断裂，根系生长时碰到的损伤多，分泌物较多。不同作物在不同胁迫环境中，甚至同一作物的不同基因型品种，其根系分泌物的组成、含量差异很大。不同作物种类根系分泌物的分泌时间也有所不同。

3. 根系分泌物的功能

根际微生物除了为根际土壤微生物系统提供碳源、氮源之外，根系分泌物还介导植物对矿质元素的吸收利用和对外界环境变化的适应等。根系分泌物中某些有机酸（如柠檬酸、酒石酸等）是良好的金属活化剂，它们在根际难溶性养分的活化和吸收等方面具有积极作用。在植物根际土壤中，根系分泌物通过酸化、螯合、离子交换或还原等途径将难溶性物质转化为可被植物吸收利用的有效养分，从而提高根际土壤养分的有效性，进而促进植物的生长发育。根系分泌物通过提高根际土壤 pH 值、改变根际土壤氧化还原状态及利用根系分泌物吸附或螯合重金属等作用来缓解重金属对植物的毒害。此外，根系分泌物对邻近作物具有化感作用。

4. 根系分泌物与化感作用

植物化感作用指植物通过向环境释放特定的次生物质，从而对邻近其他植物的生长发育产生有益或有害的影响。化感作用的大小主要取决于物种产生化感物质的潜在能力和化感物质释放的时间与频率。产生与接受化感物质的植物可以是同一种植物，也可以是不同种植物，它们常混种或种植距离较近，并在种植时间上接近。因此，在农业生产中要充分考虑到蔬菜作物间的化感作用。蔬菜作物间的化感作用是根系向周围环境中释放化学物质，从而对邻近作物的生长发育产生促进或抑制的作用。

利于作物生长的根系分泌物表现出来的是化感促进作用，还有一些根系分泌物能抑制其自身及其他作物的生长及根系活动，造成一种克生现象。在蔬菜种植中要了解该茬作物和前茬作物根系分泌物的特点，加以回避和利用。

（二）根系分泌物与连作障碍

根系分泌物在连作障碍中起到了直接或间接的作用。连作条件下作物根系会分泌化感自毒物质到根际土壤中，对作物产生直接毒害作用，有些需要通过与土壤微生物互作间接影响作物生长。越来越多的试验证明，作物的连作障碍与根分泌物中的化感物质密切相关。

酚酸类物质被公认为是根系分泌物中主要的化感物质，对同茬或者下茬同种或同科植物产生抑制作用。黄瓜是一种广泛种植的蔬菜作物，当连续种植时，黄瓜的生长受到抑制而造成减产。Yu 和 Matsui（1993）的研究证明，黄瓜根系分泌物中含有苯甲酸、对羟基苯甲酸、2，5-二羟基苯甲酸、苯丙烯酸等 11 种酚酸物质，其中有 10 种具有生物毒性。当黄瓜连续种植时，根系分泌释放的酚酸物质积累达到一定浓度，就会抑制下茬黄瓜的生长，产生自毒作用。喻景权等（2000）研究证明，豌豆、番茄、黄瓜、西瓜和甜瓜植物根系分泌物均具有自毒作用，通过影响细胞膜透性、酶活性、离子吸收和光合作用等多种途径影响作物的生长。

设施蔬菜生产由于复种指数高，一年四季不歇地，导致病虫及有毒物质不断积累，土壤病害发生严重。尤其在常年连作情况下，造成作物减产、土传病害加重。在连作环境下，土壤的微生物区系发生变化。随着对根际微生态环境中植物—土壤—微生物相互作用各过程的深入了解，研究者认为，土传病害的发生和植株发育不良是作物连作障碍发生的直观表象，但其致病的根本原因是根系分泌物和腐解物中酚酸类化感物质引起的土壤微生物区系失衡，最终导致土壤中病原菌激增而引发严重的土传病害。化感自毒物质是土壤微生物群落演变的重要推动者，长期连作条件下，土壤中积累了大量的植物分泌物和腐解物，其释放的酚酸不断累积，极大地控制着土壤中优势微生物种群，因此自毒物质酚酸与土壤微生物数量和活性关系密切。

连作障碍的发生不仅仅是单一因素所导致的，而是多种因素综合作用的结果。但目前多数研究仍停留在单因子水平上，缺乏对不同因子内在相互关系和本质的了解，未能深入揭示连作障碍发生的真正原因。如酚酸累积—微生物变化—土传病害发生的关系，长期连作条件下，土壤中累积的酚酸使土壤微生物群落结构改变、病原真菌富集、微生物群落环境恶化，而恶化的微生物群落结构使土壤中的酚酸物质降解缓慢，造成酚酸物质积累，积累的酚酸不仅继续改变微生物群落结构，而且会抑制作物生长，提高作物发病率，如此恶性循环，产生作物连作障碍。

第二章　设施蔬菜土壤连作障碍的绿色防控

本章针对设施土壤的连作障碍问题，特别是土壤酸化、土壤板结、土壤盐渍化、养分失衡以及根结线虫发生严重问题，分类提出了绿色防控措施。

第一节　土壤酸化的防治

一、合理施肥

（一）合理施用化肥

在设施蔬菜生产上要根据蔬菜作物的需肥特点适时适量施用化肥。根据前人研究，蔬菜对氮、磷、钾的吸收比例大体为1∶0.3∶1.03，提倡施用高氮高钾复合肥，特别要注意钾的施用和钙镁等元素的施用。

化肥的施用还要配合合理的施肥方法，通过如测土配方法施肥、农田养分精准管理等技术，来提高各种肥料的利用率，减少化肥损失。

（二）施用腐熟有机肥和生理碱性肥料

腐熟有机物中含有丰富的营养元素，土壤中有机质的增加可以改善土壤的肥力状况、改良土壤结构，有效提高土壤的缓冲能力，使土壤 pH 值保持相对稳定。而大量施用未腐熟的猪、牛厩肥和畜禽粪便，这些未腐熟的有机肥在分解过程中产生大量的有机酸和 SO_2，SO_2 遇水或在相对高温高湿环境条件下转化为亚硫酸和硫酸，也会使土壤酸度增大，所以需要施用腐熟的有机肥。肥力持久和肥效长的人畜粪尿、家禽粪、塘泥、杂草等有机肥，含有较丰富的 Ca、Mg、Na、K 等中微量元素，它可以补充由于土壤酸化造成淋失的盐基离子，在自然条件下土壤 pH 值不会因外界条件改变而剧烈改变。

土壤酸化与施用肥料种类有很大关系，所以在酸性土壤上，宜选择施用生理碱性肥料和中性肥料，如钙镁磷肥、磷矿粉、尿素、碳酸氢铵、磷酸铵、硝酸铵等；不宜施用硫酸铵、氯化铵等化学酸性或生理酸性肥料（表 2–1）。

表 2–1　常见化学肥料的酸碱度

化肥类型	肥料名称	化学酸碱性	生理酸碱性
氮肥	碳酸氢铵	碱性	中性
	硫酸铵	弱酸性	酸性
	氯化铵	弱酸性	酸性
	硝酸铵	弱酸性	中性
	尿素	中性	中性
磷肥	过磷酸钙	酸性	酸性
	重过磷酸钙	酸性	酸性
	钙镁磷肥	碱性	碱性
钾肥	磷矿粉	中性或微碱性	碱性
	氯化钾	中性	酸性
	硫酸钾	中性	酸性
复合肥	硝酸磷肥	弱酸性	中性
	磷酸一铵	酸性	中性
	磷酸二铵	微碱性	中性
	磷酸二氢钾	弱酸性	中性

二、施用石灰改良土壤

施用石灰是一项传统而有效的改良土壤酸化的措施，可以中和土壤酸度，改善土壤的物理、化学和生物学性质，从而提高土壤养分有效性，降低 Al^{3+} 和其他重金属对蔬菜的毒害，提高蔬菜的产量和品质。前人研究证明，在表层酸化程度比较严重的土壤上施用化学改良剂的效果较好，生石灰、轻烧粉和轻烧粉石灰氮各半混合，这三种改良剂在其用量为 0.1%时可以提升土壤 pH 值 2 个单位，达到很好的改良效果。施用石灰于酸性土壤上，能明显增加土壤中的细菌、放线菌、好气性纤维分解菌、亚硝化细菌数量，显著减少真菌数量；明显增强蛋白酶和脲酶的活性，因此施用石灰来改良酸性土壤，最关键的是确定石灰最佳施用量。施用过多会使土壤发生碱化现象；施用量不足时，因 Ca^{2+} 的移动性较差而对底层土壤的酸度影响不明显。

生产上生石灰的施用量，土壤 pH 值为 5.0~5.4，每 667m^2 施用生石灰 130kg；土壤 pH 值为 5.5~5.9，每 667m^2 施用生石灰 65kg；土壤 pH 值为 6.0~6.4，每 667m^2 施用生石灰 30kg。

三、施用土壤酸性调理剂

加入土壤中用于改善土壤的物理或化学性质及其生物活性的物料为土壤调理剂。其中的土壤酸性调理剂能缓解土壤酸化，协调土壤速效养分，促进蔬菜作物正常生长发育。施用碱渣、氰氨化钙、菇渣、泥炭等土壤调理剂均能提高土壤酸碱度，降低酸性。

以碱渣为主原料生产的粉状的酸性土壤调理剂是比较有效的酸性土壤调理剂之一。碱渣是制碱厂的废弃物，主要成分为碳酸钙、硫酸钙等钙盐和氢氧化镁等，偏碱性（pH 值 9~12），富含钙、镁、硒等作物生长有益元素。以碱渣为主原料的酸性土壤调理剂含有丰富的钙和镁，不仅可以提高土壤 pH 值，还可补充土壤中的钙和镁。

氰氨化钙（$CaCN_2$），俗称石灰氮，是一种古老的化学氮肥，氰氨化钙是一种较好的土壤酸性调理剂和土壤消毒剂。因为氰氨化钙施入土壤中水解出氢氧化钙［$Ca(OH)_2$］，具有中和土壤酸性的作用，分解的中间产物氰氨和双氰氨具有杀虫、杀菌、供氮的作用。

四、合理轮作与灌溉

由于长期种植单一蔬菜，通过蔬菜秸秆带走的盐基离子得不到补充，会导致土壤离子的不平衡，从而加速土壤酸化。根据研究报道，水旱轮作、间作套种等栽培模式均有利于缓解土壤酸化的进程。

设施蔬菜生产耗水量大，大量灌水后，最容易被淋溶的是 Na、K 等一价阳离子和 Ca、Mg 等二价阳离子，它们都是碱性离子，这些离子可能随水向土下流失，因而造成土壤酸化。常见的灌溉方式中，从防治土壤酸化角度来看，滴灌的效果最好，渗灌次之，沟灌最易引起土壤酸化，因此在设施蔬菜生产中首选滴灌方式。

第二节　土壤板结的防治

一、土壤深耕，及时中耕

近年来，设施蔬菜的生产中多应用机械旋耕，耕作深度不够，犁土层过浅。在土壤耕作上要注意适度深耕，深度根据土壤情况和作物种类确定，一般为 30～40cm。设施菜地要实行深耕与旋耕作业相结合，每隔 2～3 年要深耕 1 遍，深耕深度在 30～

50cm。深耕后犁底层被打破，土壤耕作层加厚，土壤蓄水保墒能力增强，有利于作物扎根，扩大根系吸水吸肥范围和提高土壤对养分的吸收转化分解能力。

蔬菜作物定植后及时中耕，疏松土壤，增强土壤透气性，防止土壤板结。

二、增施有机肥，秸秆还田

增施有机肥，如厩肥、圈肥、堆肥、饼肥、土杂肥等，不仅可改善土壤结构，增强土壤保肥、透气、调温的性能，而且可提高土壤有机质含量，为微生物的活动提供食物和能量，增强土壤蓄肥性能和对酸碱的缓冲能力，防止土壤板结。

农作物秸秆是重要的有机肥源，秸秆根茬还田是提高土壤肥力的有效措施之一。秸秆根茬粉碎还田提高了土壤有机质含量和养分，增加了土壤的团粒结构，增加了孔隙度，调整了土壤坚实度，降低了土壤容重，协调了水、肥、气、热状况，为土壤微生物活动创造了良好环境，有利于有机质分解。秸秆还田后，土壤有机质含量明显增加，蔬菜作物普遍增产 10%，高的可增产 15%~20%。

菜田还可以增施麦秸、粉碎的玉米秸等作物秸秆。一般在蔬菜作物定植前 20~30 天，每 667m^2 撒入 1 000~1 500kg 的秸秆，翻地，灌水，盖上地膜，盖严日光温室或大棚，具有良好的土壤改良效果。

三、科学合理施肥

根据土壤养分状况、肥料种类及蔬菜需肥特性，确定合理的施肥量或施肥方式，做到配方施肥，采用有机肥与无机肥结合，增施有机肥，合理施用化肥，补施微量元素肥料，这样不仅不会板结土壤，而且会增加有机质含量，改善土壤结构，在增加肥力的同时增加透水透气性，能避免板结的发生。以施用有机肥为主，合理配施氮磷钾肥，化学肥料做基肥时要深施并与有机肥混合，作追肥要“少量多次”，并避免长期施用同一种肥料，特别是含氮肥料。

四、施用高效土壤改良调理剂

使用科技含量较高的土壤改良调理剂。土壤改良调理剂中的硅、钙、铁等二价阳离子与土壤中的有机无机胶体能快速形成土壤团粒结构，解决土壤板结问题，促进作物根系生长效果显著，调节板结土壤的固相、液相、气相三相比例，改善和协调土壤水、肥、气、热状况。

前人研究证明，腐植酸土壤调理剂，不仅可以帮助土壤释放有利于蔬菜吸收的各种营养元素，还可治理土壤板结、沙化、盐碱化现象，提高土壤渗透性，增加土壤的保水保肥能力。

五、轮作换茬

轮茬换作避免了长期单种一种作物，使土壤的某些养分吸收量过多造成缺乏。针对蔬菜作物的根系深浅种间的吸肥特点等选择轮作品种，既可以让蔬菜将土壤中不同部位的养分吸收，又可以通过换茬的方式减轻土壤的板结，有利于提高蔬菜的产量和品质。

另外，在轮作过程中 4 年左右种一茬豆科作物可增加土壤中的氮素含量，同时豆科绿肥作物经翻压入土后，可增加土壤有机质，改善土壤理化性质，提高土壤肥力。

六、适当休闲

种植多年以后，适当使菜地休闲，自然恢复地力。如设施菜地可利用夏季休闲时进行深翻晒土，消灭病虫源，恢复地力，破

除板结。

第三节　土壤次生盐渍化的防治

一、科学合理施肥

（一）有机肥的合理施用

施用有机肥后，土壤有机质含量和微团聚体数量增加，容重降低，总孔隙增加，入渗速度得到改善，从而使土壤易于脱盐。有机肥的施用也能增加有机胶体和腐殖质含量，增加土壤胶体对盐分的吸附能力，降低盐分在土壤中的活性。但是有机肥的施用量并不是越多越好。前人研究发现，当施肥结构中有机肥含量低时，增加有机肥的比例可显著抑制土壤盐分积累，但当有机肥达到一定水平时就不再发挥作用，因为有机肥施入土壤发生反应后，也会产生多种盐基离子，因此过量施用有机肥也会造成土壤盐分积累。

实践证明，增施半腐熟有机肥也有除盐效果。半腐熟有机肥的碳氮比较大，进一步腐熟时，土壤中的微生物能吸收土壤中过剩的氮素，并暂时加以固定，从而降低土壤溶液的盐分浓度。但半腐熟有机肥施用期应在定植前一个月，并避免腐熟期间发热对蔬菜造成危害。

（二）化肥的合理施用

1. 化肥种类的确定

通过施肥进入土壤的肥料是蔬菜设施土壤盐分的主要来源。目前生产中常见的问题是偏施氮肥，而不重视施用钾肥，不重视氮、磷、钾肥的合理搭配施用。不同蔬菜作物有不同的氮、磷、钾需肥比例，应根据具体情况合理搭配。

需要注意的是，不同肥料即使在施用量相同时，它们所导致的土壤溶液中渗透压的增加也不同，通常用肥料的盐效指数表示，肥料之间的盐效指数差异很大（表 2-2）。某种肥料的盐效指数越大，其导致作物盐害的可能性也就越大。因此，在集中施肥或大量施肥时，应尽量减少盐效指数高的化肥的施用，尽量施用不带 SO_4^{2-}、Cl^- 等副成分的肥料，如尿素、磷酸铵、硝酸钾等。另外，选择长效化肥或缓效化肥，可以避免速效化肥短期内使土壤化肥溶液浓度急剧升高的弊病。

表 2-2　常用化肥盐效指数

肥料	养分含量（%）	盐效指数	肥料	养分含量（%）	盐效指数
氮肥	**N**		**磷肥**	**P_2O_5**	
无水氨	82.2	47	过磷酸钙	20.0	8
硝酸铵	35.0	105	重过磷酸钙	48.0	10
硫酸铵	21.2	69	磷酸一铵	51.7	25
磷酸一铵	12.2	25	磷酸二铵	53.8	34
磷酸二铵	21.2	34	**钾肥**	**K_2O**	
硝酸钾	13.8	74	氯化钾	60.0	116
硝酸钠	16.5	100	硝酸钾	46.6	74
尿素	46.6	75	硫酸钾	54.0	46

2. 化肥施用量的确定

根据蔬菜作物整个生育期的主要营养元素的吸收量和土壤的供给量，估算应投入的肥料数量。目标产量可按前 3 年的平均产量提高 20%~30%确定。土壤的供给量可根据土壤中的硝酸盐含量估计。设施蔬菜土壤的硝酸盐含量与总盐浓度呈正相关。根据目标产量计算施肥量，扣除前茬蔬菜收获后土壤养分残留量即为应施用肥料量。这个肥料量，一般 2/3 用作基肥，1/3 用作

追肥。

二、雨水洗盐和工程除盐

（一）雨水洗盐

雨季时，及时揭掉棚室上的棚膜，使土壤得到充足的雨水淋洗，并清理排水沟及时排水，使土壤中多余盐分随水排走，降低地下水位，减少土壤水分蒸发积盐。有条件的地方，春茬蔬菜作物收获后，灌大水（20~30cm），淹2~3天后排水，洗盐效果更好。据有关试验表明，灌水后2天，耕层中（0~20cm）的盐分可减少30%~40%。

（二）工程洗盐

由于地下水位不同，灌溉量直接影响到耕层土壤盐分含量。地下水位较浅的地区，大水灌溉可以提高地下水水位，使得地下水随着土壤毛管作用上升，水中盐分也随之上升到土壤耕层。在地下水水位较深的地区，大水灌溉可以起到淋洗耕层盐分的作用。

为提高排盐效果，最好采取工程洗盐。在建造大棚、温室时，设置好地下排水排盐设施，通过灌溉将盐分向下垂直淋洗，再从土体中排出去，目的是排出土体盐分，降低地下水位。如果没有排水设施，除盐的效果是暂时的，因为大水灌溉压盐后，不到几个月还会重新返盐。实践中，根据次生盐渍土0~25cm土层盐分比较集中，而25~50cm土层含盐低、变化小的特点，埋设双层有孔塑料暗管，即分别在地下30cm和60cm深度设置两层有孔塑料暗管，水平方向浅层管平均间距1.5m，深层管6m，灌水洗盐时耕层内集聚的盐水由上层暗管排出，随水下渗的部分由下层暗管排出。这种除盐方式具有洗盐率高、脱盐土层深和耗水少等优点。

三、合理灌溉

蔬菜设施土壤出现次生盐渍化并不是整个土体的盐分含量都高，而是土壤表层的盐分含量超出了蔬菜生长的适宜范围。土壤水分的上升运动和通过表层蒸发是使土壤盐分积聚在土壤表层的主要原因。因此，灌溉方式对盐分的集聚也有明显的影响。漫灌和沟灌都将加速土壤水分的蒸发，易使土壤盐分向土壤表层积聚。采用渗灌和滴灌等灌溉技术，可以将溶解的肥料直接灌向作物根部，这样可以提高肥料利用率，减少了施肥量，也降低了土壤中残留的盐分，是理想的灌溉措施。近几年，有的地区菜农以膜下灌溉的办法代替漫灌和沟灌，在防治土壤次生盐渍化和蔬菜病害上起到了很好的作用。

四、地面覆盖

设施土壤采用地膜或秸秆进行覆盖，可减少土壤表面水分蒸发，降低耕层土壤盐分含量波动幅度，有效抑制土壤返盐。设施内使用地膜后，水分经毛细管上升，多余的水分凝结在地膜上，冷凝回落至土壤中，在一定程度上洗刷表土盐分，而使表土盐分有下降趋势。有研究表明，地膜覆盖的 0~5cm 表层土壤含盐量明显降低，而主要积聚在 5~25cm 土层内。采用稻草、麦草、玉米秸等覆盖也可降低土壤盐分，且除盐效果随着覆盖时间的延长而越明显。

五、休闲作物除盐

种植耐盐作物是一种较为理想的生物除盐措施。耐盐作物在生长过程中吸收残留在土壤中的盐分。作物种类不同，生理特性不同，其耐盐性强弱不一样。一般蔬菜的耐盐次序为：番茄>茄子>芹菜>甜椒>黄瓜。

盛夏棚室休闲期，种植能大量吸收盐分的植物如玉米、盐蒿、苏丹草等，这些植物吸肥力强，生长迅速。有些还可以割青翻压入土作绿肥，绿肥在分解过程中通过微生物活动消耗土壤中的盐分，降低土壤溶液盐浓度。另外，还可种植水稻洗盐。

六、增施作物秸秆

施用作物秸秆是改良土壤次生盐渍化的有效措施。除豆科作物秸秆外，禾本科作物秸秆的碳氮（C/N）比高，施入土壤以后，在被微生物分解过程中，能够同化土壤中的氮素，达到改良土壤的目的。据研究，1 000kg 未腐熟的稻草可以固定 7.8kg 无机氮。在土壤次生盐渍化不太重的土壤上按每 667m^2 施用 300~500kg 稻草、玉米秸较为适宜，盐渍化较严重的土壤可以提高到每 667m^2 施用 1 000~1 500kg，施用时期最好安排在春季蔬菜拉秧后。在施用以前，先把秸秆切碎，一般长度应小于 3cm，施用时要均匀地翻入土壤耕层，15 天以后可以定植。

七、深翻及换土除盐

利用换茬休闲期翻地，将上下土层混合，以达到稀释设施土壤耕层盐分浓度的目的，同时还有利于改善土壤的通透性，减弱土壤毛细管作用，从而减轻盐分的表层集聚作用。翻地的深度以 40cm 为宜。深翻只能是暂时造成土壤表层盐分含量下降，但不是除盐的长久措施。

换土除盐的方法是铲除地表层 2~3cm，换上肥沃的田园土。

八、施用土壤改良剂

施用土壤改良剂改良土壤盐渍化的原理是利用一些有机酸络合土壤中的盐离子，从而暂时解除盐分对作物的毒害。随着对土壤改良剂研究的深入，目前出现了许多针对土壤盐渍化问题的改良剂，如腐植酸、沸石、蛭石等。腐植酸不但可增强植物对养分的吸收能力，还可以增加土壤有机质，提高微生物活性，而沸石和蛭石由于具有交换吸附作用和保肥特性，也可广泛用于土壤改良，优化组合可明显降低土壤盐分。

第四节　土壤养分失衡的防治

一、按需肥特点施肥

（一）不同蔬菜种类的需肥特点

1. 不同种类蔬菜对土壤营养元素的吸收量不同

一般而言，凡是根系深而广、分枝多、根系发达的蔬菜，根与土壤接触面积大，能吸收较多的营养元素；根系浅而分布范围小的蔬菜，营养元素吸收量小。同时，产量高的蔬菜吸收营养元素量大。同一种类的蔬菜，对营养元素的吸收量随着产量的提高而增加。生长期长的蔬菜一般吸肥总量大。生长速度快的一般单位时间内吸肥量大，即吸肥强度高。

不同种类蔬菜利用矿质营养的能力不同。如甘蓝最能利用氮，黄瓜对氮、磷、钾三要素需求量大，番茄利用磷的能力最弱。

2. 同一蔬菜品种的不同生育期需肥不同

蔬菜整个生育期，幼苗期生长量小，吸收营养元素量也小。如辣椒，幼苗期植株幼小，吸收养分较少，但对肥料质量要求较高。初花期需肥量不太多，但应避免施用过多的氮肥，以防止造成植株徒长，推迟开花坐果。盛果期，是氮、磷、钾肥需求量最多的时期，氮、磷、钾的吸收量分别占各自全生育期吸收总量的57%、61%、69%以上。蔬菜不同生育期对肥料种类的要求也不同，一般生长全期均需要氮，氮肥充足时营养生长旺盛，生长全

期也需要磷，尤其是果菜类苗期对磷需求敏感，适量的磷可以促进果菜花芽分化。

3. 产品器官不同的蔬菜需肥种类和数量不同

叶菜类需氮较多，多施氮肥有利于产量提高和品质改进。不同种类叶菜需肥也有差异，绿叶菜全生育期需氮最多，宜用速效氮。结球叶菜全生育期虽然需氮也多，但主要在苗期和莲座期，进入叶球快速膨大期需增施磷肥和钾肥，磷、钾不足时不易结球；根茎类需磷、钾较多，增施磷、钾有利于产品器官（肉质根、块根、块茎、根茎、球茎等）的膨大；果菜类对三要素的需求量较平衡，尤其在果实成熟期需要磷较多。果菜苗期需氮较多，磷、钾吸收量则较少。进入生殖生长期后，对磷的需求量激增，而氮的吸收量略减。如果后期氮过多而磷不足，则茎叶徒长，影响结果，果实产量和品质下降。

二、推广测土配方施肥

测土配方施肥是以肥料田间试验和土壤测试为基础，根据作物需肥规律、土壤供肥性能和肥料效应，在合理施用有机肥料的基础上，提出氮、磷、钾及中、微量元素等肥料的施用品种、数量、施肥时期和施用方法。

（一）肥料效应田间试验

肥料效应田间试验是获得各种作物最佳施肥数量、施肥品种、施肥比例、施肥时期、施肥方法的根本途径，也是筛选、验证土壤养分测试方法、建立施肥指标体系的基本环节。通过田间试验，掌握各个施肥单元不同作物优化施肥数量，基、追肥分配比例，施肥时期和施肥方法；摸清土壤养分校正系数、土壤供肥能力、不同作物养分吸收量和肥料利用率等基本参数。构建作物施肥模型，为施肥分区和肥料配方设计提供依据。

肥料效应田间试验设计，推荐采用“3414”方案设计（表

2-3)。“3414”方案设计吸收了回归最优设计处理少、效率高的优点，是目前应用较为广泛的肥料效应田间试验方案，也是近年来农业部推荐应用的测土配方施肥田间试验方案。

“3414”是指氮、磷、钾3个因素、4个水平、14个处理。4个水平的含义：0水平指不施肥，2水平指当地推荐施肥量，1水平=2水平×0.5，3水平=2水平×1.5。为便于汇总，同一作物、同一区域内施肥量要保持一致。如果需要研究有机肥料和中、微量元素肥料效应，可在此基础上适当增加处理。

表2-3 “3414”试验方案处理（推荐方案）

试验编号	处理	N	P	K
1	N0P0K0	0	0	0
2	N0P2K2	0	2	2
3	N1P2K2	1	2	2
4	N2P0K2	2	0	2
5	N2P1K2	2	1	2
6	N2P2K2	2	2	2
7	N2P3K2	2	3	2
8	N2P2K0	2	2	0
9	N2P2K1	2	2	1
10	N2P2K3	2	2	3
11	N3P2K2	3	2	2
12	N1P1K2	1	1	2
13	N1P2K1	1	2	1
14	N2P1K1	2	1	1

该方案除可应用14个处理进行氮、磷、钾三元二次效应方程的拟合外，还可分别进行氮、磷、钾中任意二元或一元效应方程的拟合。

例如：进行氮、磷二元效应方程拟合时，可选用处理2~7、

11、12，求得在以 K2 水平为基础的氮、磷二元二次效应方程；选用处理 2、3、6、11 可求得在 P2K2 水平为基础的氮肥效应方程；选用处理 4、5、6、7 可求得在 N2K2 水平为基础的磷肥效应方程；选用处理 6、8、9、10 可求得在 N2P2 水平为基础的钾肥效应方程。此外，通过处理 1，可以获得基础地力产量，即空白区产量。

（二）施肥量的确定

蔬菜生产要想获得高产和较高的经济效益，就必须满足其对养分的需求，而土壤中的养分是否可以满足这种需要，只有通过测土才清楚。如果不进行测土而盲目施肥，可能造成肥料的浪费和减产。

1. 施肥量的计算方法

确定施肥量的方法最常用的是养分平衡法。养分平衡法又称目标产量法，该法根据蔬菜作物产量和质量的构成要素，以蔬菜作物的目标产量所需养分量与土壤供给量之差为估算目标产量施肥的依据，以达到养分的收支平衡。施肥量的计算公式为：

施肥量（kg/667m^2）＝［单位产量养分吸收量（kg）×目标产量（kg/667m^2）－土壤供给量（kg/667m^2）］/［肥料中养分含量（%）×肥料当季利用率（%）］

2. 相关参数的确定

养分平衡法的优点是概念清楚，便于推广。但是一定要结合当地蔬菜生产的实际情况、菜田土壤肥力特征、蔬菜需肥规律等，确定必要的参数，才能达到满意的结果。此外，若施用大量有机肥时，应在计算出的施肥量中适当扣除一部分养分量，否则容易造成过量施肥带来的不良后果。

（1）目标产量。一般以前 3 年的平均产量为基础，设施蔬菜再增加 30%左右，定为目标产量。

（2）单位产量养分吸收量。是指每生产 1 个单位（如 1 000

kg）经济产量从土壤中吸收的养分量（表2-4）。

表2-4　形成1 000kg商品菜所需养分总量

蔬菜种类	收获物	养分吸收大致范围（kg）		
		氮（N）	磷（P_2O_5）	钾（K_2O）
大白菜	叶球	1.8~2.2	0.4~0.9	2.8~3.7
油菜	全株	2.8	0.3	2.1
结球甘蓝	叶球	3.1~4.8	0.5~1.2	3.5~5.4
花椰菜	花球	10.8~13.4	2.1~3.9	9.2~12.0
菠菜	全株	2.1~3.5	0.6~1.8	3.0~5.3
芹菜	全株	1.8~2.6	0.9~1.4	3.7~4.0
茴香	全株	3.8	1.1	2.3
莴苣	全株	2.1	0.7	3.2
番茄	果实	2.8~4.5	0.5~1.0	3.9~5.0
茄子	果实	3.0~4.3	0.7~1.0	3.1~4.6
甜椒	果实	3.5~5.4	0.8~1.3	5.5~7.2
黄瓜	果实	2.7~4.1	0.8~1.1	3.5~5.5
冬瓜	果实	1.3~2.8	0.5~1.2	1.5~3.0
南瓜	果实	3.7~4.8	1.6~2.2	5.8~7.3
菜豆	豆荚	3.4~8.1	1.0~2.3	6.0~6.8
豇豆	豆荚	4.1~5.0	2.5~2.7	3.8~6.9
胡萝卜	肉质根	2.4~4.3	0.7~1.7	5.7~11.7
水萝卜	肉质根	2.1~3.1	0.8~1.9	3.8~5.1
大蒜	鳞茎	4.5~5.1	1.1~1.3	1.8~4.7
韭菜	全株	3.7~6.0	0.8~2.4	3.1~7.8
大葱	全株	1.8~3.0	0.6~1.2	1.1~4.0
洋葱	鳞茎	2.0~2.7	0.5~1.2	2.3~4.1
生姜	块茎	4.5~5.5	0.9~1.3	5.0~6.2
马铃薯	块茎	4.7	1.2	6.7

（3）土壤供给量。土壤供给量是指土壤在不施肥情况下，

能向蔬菜作物提供的速效养分数量，可以通过测定基础产量和土壤有效养分校正系数2种方法进行估算：

一是通过基础产量估算，如表2-3中的处理1（N0P0K0）的产量，不施肥（空白）区蔬菜作物所吸收的养分量作为土壤供给量。

土壤供给量（kg/667m^2）=［不施养分区蔬菜产量（kg/667m^2）×每1 000kg产量所需养分量（kg）］/1 000

二是通过土壤有效养分校正系数估算，通过测土分析得来的土壤速效养分含量是计算土壤供肥量的一个基数，但不能直接用作土壤的供肥量。土壤供肥量应是土壤养分测定值与土壤养分有效利用系数的乘积，土壤有效养分利用系数见表2-5。

表2-5　不同肥力菜地的土壤养分利用系数

蔬菜种类	土壤养分	不同土壤肥力的养分利用系数		
		低肥力	中肥力	高肥力
早熟甘蓝	碱解氮	0.72	0.58	0.45
	速效磷	0.5	0.22	0.16
	速效钾	0.72	0.54	0.38
中熟甘蓝	碱解氮	0.85	0.72	0.64
	速效磷	0.75	0.34	0.23
	速效钾	0.93	0.84	0.52
白菜	碱解氮	0.81	0.64	0.44
	速效磷	0.67	0.44	0.27
	速效钾	0.77	0.45	0.21
番茄	碱解氮	0.77	0.74	0.36
	速效磷	0.52	0.51	0.26
	速效钾	0.86	0.55	0.47
黄瓜	碱解氮	0.44	0.35	0.30
	速效磷	0.68	0.23	0.18
	速效钾	0.41	0.32	0.14

（续表）

蔬菜种类	土壤养分	不同土壤肥力的养分利用系数		
		低肥力	中肥力	高肥力
萝卜	碱解氮	0.69	0.58	-
	速效磷	0.63	0.37	0.20
	速效钾	0.68	0.45	0.33

土壤供给量（kg/667m²）= 土壤养分测定值（mg/kg）×0.15×土壤有效养分利用系数。

上式中，系数 0.15 的计算，每 667m² 耕作层土重一般 350 000kg，含某种养分 1.0mg/kg，在 667m² 土壤中的含量为：350 000×1/1 000 000=0.35kg。

土壤有效养分利用系数：由于蔬菜种类繁多，受施肥条件影响较大，参考现有的资料和蔬菜施肥情况而定。一般土壤肥力水平较低的地块，土壤有效养分测试值很低，蔬菜土壤养分利用系数应取>1 的数值，否则计算出的施肥量过大，脱离实际。而肥沃的土壤的测定值很高，蔬菜土壤养分利用系数应取<1 的数值，否则计算出的施肥量为负值，难以应用。

若土壤肥力较高时，肥料利用系数可暂定为：土壤碱解氮（N）——一般蔬菜栽培为 0.48，早春栽培为 0.336，秋作栽培为 0.576；土壤速效磷（P_2O_5）——一般蔬菜栽培为 0.4，早春栽培为 0.28，秋作栽培为 0.48；土壤速效钾（K_2O）——一般蔬菜栽培为 0.8，早春栽培为 0.56，秋作栽培为 0.96。

（4）肥料中的养分含量。不同肥料的养分含量不同，常见化学肥料的三要素含量见表 2-6。

表 2-6　常见化学肥料三要素含量

肥料名称	氮（N）	磷（P_2O_5）	钾（K_2O）	肥料名称	氮（N）	磷（P_2O_5）	钾（K_2O）
氨水	12~16			重过磷酸钙		42~50	
尿素	46			磷矿粉		10~30	
碳酸氢铵	17			氯化钾			60
硫酸铵	20~21			硫酸钾			40~50
硝酸铵	34~35			硫酸钾镁			33
氯化铵	24~25			磷酸二铵	18	46	
硝酸钙	15~18			磷酸一铵	13	39	
普通过磷酸钙		12~20		磷酸二氢钾		24	27
钙镁磷肥		12~20		硝酸钾	13		46

（5）肥料当季利用率。肥料当季利用率是指当季作物从所施肥料中吸收的养分量占施入肥料总养分量的百分数。肥料养分利用率因作物种类、土壤特性、气候条件和栽培技术而异，所以确定肥料利用率难度很大。可查阅有关资料，参考有关数据。一般旱田化肥利用率：氮肥 30%~50%，磷肥 10%~25%，钾肥 40%~60%。有机肥的利用率决定于腐熟情况。腐熟较好的人粪尿及禽粪的氮、磷、钾利用率可达 20%~40%，猪厩肥氮、磷、钾的利用率 15%~30%，土杂肥氮、磷、钾的利用率一般为 5%~30%。上述资料可见，肥料利用率变幅范围较大，有条件的话，应进行各种肥料在不同条件下的利用率测定。但在实际生产上，要一一进行测定比较困难，可以在提供的利用率资料中，选择较为接近的数值。

三、增施有机肥

近年来，蔬菜生产追求高产高效，化肥用量越来越大，土壤有机质含量逐年下降，土壤结构遭到不同程度的破坏。重施有机肥，一是可补充有机质和营养元素；二是可以改善土壤结构，提高土壤的保水保肥能力；三是可以提高棚室内二氧化碳浓度，提高作物光合速率。

四、推广增施生物肥料

微生物作为土壤的组成部分，能够促进蔬菜作物对营养元素的吸收。土壤中有相当一部分蔬菜不能利用的无效养料，通过微生物的作用，可以转化成速效养分。增施生物肥料，有助于土壤中营养元素肥效的提高，减少化肥施用量。生物肥料养分全，肥效平衡，合理增施生物肥料，如根瘤菌肥、固氮菌肥、解磷菌肥、解钾菌肥或几种菌类的复合肥，对于活化土壤中的氮、磷、钾及镁、铁、硅等元素，提高磷、钾及某些微量元素的有效性和供应水平，防止土壤养分失衡具有独特的作用。

第五节　土传病害的防治

一、根结线虫病防治

（一）农业防治

1. 轮作

有根结线虫的菜地最好实行轮作，特别是与水稻或葱、蒜类、生姜、韭菜等轮作，其防治根结线虫效果更好。另外在果菜类蔬菜株下及株间种植大葱，即蔬菜与大葱伴生栽培，对防治根结线虫也有一定作用。根据 2010 年烟台市农业科学研究院日光温室番茄与大葱伴生栽培试验（表 2-7），番茄植株两侧种植 3 棵大葱，防治线虫效果显著。并进一步研究证明，主要是因为大葱分泌物抑制了根结线虫卵的孵化。

表 2-7　大葱伴生后的番茄根结线虫发生

处理	根结线虫数（二龄，条数/100g 土）	虫口减退率（%）	发病率（%）	病情指数
番茄+大葱	216	75.29	7.5	2.4
番茄（CK）	874	—	40.0	17.0

2. 清除病残体

及时清除设施棚室内带有根结线虫的病根、病株、病残体、杂草，并集中烧毁，对设施蔬菜棚内使用过的农机具严格消毒，防止根结线虫病传播蔓延。

3. 苗床消毒或无土育苗

苗床是根结线虫传播的重要途径之一，采用无土育苗是避免根结线虫危害的一条重要措施。如果苗床面积很大，可采用苗床消毒的措施，如可将 35%威百亩水剂（8~10kg/667m^2）与土壤充分拌匀后，盖上塑料薄膜熏蒸。

4. 水淹杀虫

重病田灌水 10~15cm 深，保持 1~3 个月，使线虫缺氧窒息而死。最好改种一季水稻，这样既杀死线虫，又不造成田地荒芜。

5. 深翻

根结线虫多分布在表土层，深翻可减少危害。播前深耕深翻 40cm 以上，把可能存在的线虫翻到土壤深处，可减轻危害。

6. 采用抗根结线虫的品种或砧木

选用抗病或耐病的蔬菜品种，可大大地减轻各种病虫的危害。详见本书第三章第一节相关内容。

作者以托鲁巴姆、托托斯加为砧木，以目前种植面积较大的茄子品种布利塔为接穗，在连续 5 年种植茄子且根结线虫病发生重的日光温室中进行嫁接栽培，结果托鲁巴姆嫁接对根结线虫病的防治率为 92.4%，托托斯加嫁接的防治率为 91.0%；托鲁巴姆嫁接栽培较自根苗增产 57.5%，托托斯加嫁接增产 55.3%（表 2-8）。

表 2-8 嫁接对根结线虫病的防治效果和产量的影响

处理	根结线虫		产量	
	病情指数	防治率（%）	亩产量（kg/667m²）	增产（%）
托鲁巴姆嫁接	4.25	92.4	14 311.5	57.5
托托斯加嫁接	5.06	91.0	14 194.9	55.3
自根苗	55.92	—	9 085.2	—

7. 有机基质型无土栽培

有机基质型无土栽培是一项能有效避免根结线虫危害的重要农业措施。无土栽培通常需要配套的滴灌设备，并需要良好的无土栽培技术。无土栽培 1～3 年后，基质需要更换或进行消毒。详见本书第六章第一节相关内容。

（二）物理防治

1. 日光消毒

蔬菜收获后，在夏季炎热季节，翻耕浇灌覆膜，晒 5～7 天，使膜下 20～25cm 土层温度升高至 45～48℃甚至 50℃，加之高湿（相对湿度 90%～100%），杀线虫效果好。此法操作简便、成本低。

2. 日光+麦秸

6 月下旬至 7 月下旬，日光温室内按作物行距开 30cm 深的沟，集中每 667m² 铺施 3 000kg 麦秸（或玉米秸）、50kg 碳铵、5～6m³ 鸡粪及部分表土培成垄（麦秸在下），盖严温室薄膜和地膜后灌透水，使秸秆发酵。根据山东省农业科学院植物保护研究所的试验结果，在黄瓜根结线虫病发生严重的日光温室，防治效

果达 73.3%。

（三）生物防治

1. 阿维菌素防治

每平方米用 1.8%阿维菌素乳油 1ml，稀释 2 000~3 000倍后，用喷雾器喷雾，然后用钉耙混土，该法对根结线虫有良好的效果。或者定植时开沟或按穴浇灌 1.8%阿维菌素乳油 1 000倍液，每株药液 300ml。当田间发现根结线虫发生，在根围浇灌 1.8%阿维菌素乳油 1 000倍液，每株 125~200ml。

2. 植物源杀线剂印楝素防治

该药由印楝种子中提取活性成分配制而成，具有触杀、胃毒、驱避等作用。在防治根结线虫的同时，还具有防治作物土传病害的作用。定植期用印楝素穴施，每 667m^2 用药 10kg，如果结合太阳能消毒土壤的效果更好。

3. 淡紫拟青霉防治

淡紫拟青霉是多种根结线虫和孢囊线虫雌虫和卵的寄生菌，具有独特作用机制，对多种农作物的根结线虫和孢囊线虫有较好的预防、治疗、根治作用，持效期长，不产生抗药性。该药若拌种使用，拌种按种子量的 5%~10%进行，堆闷 2~3h、阴干即可播种。苗床使用，将淡紫拟青霉菌剂与适量基质混匀后撒入苗床，播种覆土。每千克淡紫拟青霉菌种平均处理 30~50m^2 苗床；穴施，在植株附近，预防根结线虫每 667m^2 用量 300~500g，治疗每 667m^2 用量 800~1 000g。

4. 生物熏蒸消毒法

主要是应用辣根素进行土壤熏蒸消毒，用十字花科或菊科植株中的有机物释放出有毒气体杀死有害生物。具体应用技术详见本书第五章第三节。

（四）化学防治

1. 休闲期土壤消毒

采用棉隆、石灰氮、威百亩、硫酰氟等在棚室休闲期进行土壤熏蒸消毒。详见第五章第二节。

2. 定植时施用杀线剂

通常在定植时用10%噻唑膦颗粒剂，按1~2kg/667m^{2}的用量，将药剂均匀撒于土壤表面，再用旋耕机或手工工具将药剂和土壤充分混合。药剂和土壤混合深度需20cm。

二、枯萎病防治

（一）实行轮作

轮作5~6年以上可显著减轻发病。为了抑制蔬菜枯萎病病菌的发生与传播，破坏病菌的生存条件，最好选择上茬种植葱蒜类蔬菜的大棚进行轮作，可明显降低枯萎病的发生。实行水旱轮作防治枯萎病的效果更好。

（二）清洁田园

施用净肥减轻病害传播蔓延。增施钾肥，促使蔬菜生长健壮，提高抗病能力。有条件的最好施用生物菌肥，既可避免粪肥带菌，又能明显提高蔬菜产品质量。

（三）嫁接防病

如西瓜用葫芦、南瓜作砧木进行嫁接，详见本书第三章相关内容。

（四）种子处理

用0.1%~0.2%高锰酸钾或福尔马林150倍液，或用50%复方多菌灵可湿性粉剂500倍液浸泡种子0.5~1.0h，再用清水洗干净后催芽育苗。

（五）苗床土壤处理

1. 多菌灵消毒

常用50%多菌灵可湿性粉剂，或用58%甲霜灵锰锌可湿性粉剂每平方米苗床8~10g，对少量细土拌匀撒在苗床表面，与床土混匀后播种。如用营养钵育苗，可在每立方米土内加上述药剂150g，药土拌匀后装钵育苗，可有效兼治蔬菜苗期病害。

2. 福尔马林消毒

一般每平方米苗床50g，对水2~4kg均匀浇洒，浇好后土面覆盖一层塑料薄膜，密封4~5天后揭盖，并耙松表土，使残留药物挥发排除，半个月后播种。

（六）移栽前苗床喷药

移栽前用50%复方多菌灵可湿性粉剂500倍液，喷灌幼苗2~3次，培育壮苗，可兼防苗期病害。

（七）移栽前药剂处理土壤

移栽前结合畦（垄）施肥，每667m^{2}用50%多菌灵可湿性粉剂1~2kg，对水10~20kg（也可对细土30~40kg），喷或撒施在地面，结合耕地将药剂翻入土内，深度为25~30cm，耙平。

（八）药剂灌根或喷雾

1. 移栽时药剂灌根

将瓜苗移入穴中，用50%多菌灵可湿性粉剂500倍液，或用50%苯菌灵可湿性粉剂1 000倍液，每穴灌药150ml。返苗后隔7~10天灌1~2次。

2. 发病初期药剂灌根

在发病初期，可选用50%多菌灵可湿性粉剂500倍液，或用25%苯莱特可湿性粉剂500~800倍液，或用40%抗枯宁800~1 000倍稀释液，或用50%拌种双可湿性粉剂500倍液，或用

50%甲基硫菌灵可湿性粉剂400倍液喷雾或灌根。药剂灌根时，每株用药液250ml，隔7~10天灌1次，连灌2~3次。

三、青枯病防治

（一）轮作倒茬

避免与茄科作物轮作，可与十字花科蔬菜、葱蒜类蔬菜或禾本科作物实行3~4年以上的轮作。

（二）土壤处理和消毒

青枯病菌适于微酸性土壤，可以结合整地撒施适量石灰，使土壤呈微碱性，以抑制病菌生长，减少发病。石灰用量可以根据土壤的酸度而定，一般每667m^2施50~100kg。在高温季节休闲温室或大棚，可选用威百亩、石灰氮、棉隆等进行土壤消毒。

（三）无病床土或营养钵育苗

由于青枯病菌多从植物的根部或茎基部伤口侵入，在植物体内的维管束组织中扩展危害，因此采用无病床土和营养钵育苗，做到少伤根，对减轻病害发生具有一定作用。

（四）加强栽培管理

采用高垄或半高垄栽培方式，配套田间沟渠，降低田间湿度，同时增施磷、钙、钾肥料，促进作物生长健壮，提高抗病能力。早上露水多、叶片湿度大时，不要进行整枝、采摘等农事操作。

（五）药剂防治

1. 定植时灌根或浸根

移栽前77%氢氧化铜可湿性粉剂500倍液进行灌根，或用农用硫酸链霉素可湿性粉剂3 000~4 000倍液，或用甲霜恶霉灵可湿性粉剂600~800倍液，浸根1~2h。

2. 发病时防治

发病初期用 50%琥胶肥酸铜可湿性粉剂 500 倍液，或用 77%氢氧化铜可湿性粉剂 600～800 倍液，或用 14%络氨铜水剂 300～400 倍液，或用 72%农用链霉素可湿性粉剂 4 000倍液进行灌根处理，每株 0.3～0.5L，隔 7～10 天 1 次，连续灌 2～3 次。发病较重时应拔除病株并烧毁，对周围土壤可用 2%福尔马林液或 20%石灰水消毒。

四、根腐病防治

（一）轮作换茬

重病地块与十字花科、葱蒜类蔬菜进行 3 年以上轮作。

（二）种子处理

对种子进行浸种处理。先用 0.2%～0.5%的碱液清洗种子，再用清水浸种 4～6h，捞出后在 1%次氯酸钠溶液中浸泡 5～10min，冲洗干净后催芽播种。也可用 55℃温水进行温汤浸种 5min 后，立即移入冷水中冷却，然后催芽播种。

（三）苗床土消毒

在育苗前 2～3 周进行，先将床土耙松，每平方米床面用 40%福尔马林 40ml，对水 1～3L（对水量视土壤干湿程度而定），浇于床土上，立即用塑料薄膜覆盖，4～5 天后将覆盖物去掉，约经 2 周药液充分挥发后播种。或用 58%雷多米尔锰锌可湿性粉剂 600 倍液，每平方米床面浇灌 4～5L，并用塑料薄膜覆盖 3～5 天。或用 70%敌克松原粉 1 000倍液，每平方米床面浇灌 4～5L，然后播种。

（四）培育壮苗

精耕细整土地，幼苗出土后用 6%阿波罗 963 水剂 1 000倍液或 3%中生菌素可湿性粉剂 600 倍液灌根和喷施，诱导幼苗产生抗性，促使根系发达，增强植株抗病能力。精心管理，保证不积水沤根。移植时尽量不伤根。

（五）加强田间管理

整地时，田间要挖好排水沟。采用小高垄栽培。施用充分腐熟的有机肥。定植后要根据气温变化，适时适量浇水。浇水时尽量不要大水漫灌，有条件的可进行滴灌，保持土壤半干半湿状态。及时增施磷钾肥，以增强植株抗病力。根腐病发病时，注意白天降温、晚上保温，并在植株根系周围扒开塑料膜进行晒根，以减轻发生程度。

（六）药剂防治

定植时，播种穴内用60%吡唑醚菌酯·代森联水分散粒剂1 500倍液，或用85%三乙膦酸铝可湿性粉剂500倍液灌根，每穴灌0.1kg药水。

发病初期，可叶面喷施46.1%氢氧化铜水分散粒剂1 500倍液，或用77%硫酸铜钙可湿性粉剂600倍液，或用3%中生菌素可湿性粉剂600倍液加S-诱抗素水剂2 000倍液。发病严重时，采取灌根施药，可选用70%甲基硫菌灵600倍液，或用3%甲霜·恶霉灵700倍液，或用77%氢氧化铜可湿性粉剂500倍液灌根，每7~10天用药1次，连续用药3~4次。

第三章　抗病品种的选择与填闲作物种植

选用抗病品种是防控土传病害的有效方法之一。这种方法简单易行、成本低。由于抗病病虫减少了田间用药，减少了对蔬菜产品以及土壤和空气污染，有利于保持生态平衡。国内外专家为应对土传病害，已经培育出了许多抗土传病害的品种，并在生产中得到了广泛应用。

第一节　选用抗性蔬菜品种与嫁接砧木品种

一、抗性蔬菜品种的选择

（一）黄瓜抗性品种

黄瓜的主要土传病害是枯萎病、根腐病和根结线虫病等。其中以黄瓜枯萎病最为严重，对黄瓜生产的影响最大。黄瓜枯萎病，又名萎蔫病、蔓割病、死秧病，是黄瓜生产上较难防治的病害之一。黄瓜枯萎病从零星发病到大面积发病只需 2~3 年，有植物“癌症”之称。同一地块连作 3 年，发病率可高达 70%，产量损失 10%~50%，甚至绝收。根据李亚莉（2018）对 33 份黄瓜核心种质对枯萎病的抗性评价证明，具有欧洲温室型亲缘关系的种质较华南型种质抗枯萎病，强雌黄瓜较雌雄黄瓜抗枯萎病，皮色较绿的黄瓜对枯萎病抗性较强，无瘤黄瓜较中瘤和大瘤黄瓜抗枯萎病，瓜刺瘤密种质较刺瘤稀的抗枯萎病。但目前黄瓜品种还缺乏对枯萎病免疫的品种。

黄瓜根腐病和根结线虫病是近年来危害越来越重的病害，目前尚缺乏抗根结线虫病和根腐病的品种。

生产上选择抗性品种时，既要考虑品种对常发病害具有一定的抗性，又要考虑对其他病害的抗性，同时还要充分考虑品种的生长势、果实性状，尤其是产量和品质性状等。

根据前人的研究及生产上的应用情况，以下主要介绍抗枯萎病的黄瓜品种。

1. 博美 28

天津德瑞特种业有限公司育成。该品种抗枯萎病、霜霉病、白粉病和褐斑病。植株生长势较强，叶片中等偏大，叶色深绿，以主蔓结瓜为主，回头瓜多，丰产潜力大，单性结实能力强，瓜条生长速度快。早熟性好，持续坐果能力强，适应性强。瓜条顺直，皮色深绿、光泽度好，无黄色条纹，瓜柄小于瓜长 1/7，心腔小于瓜横径 1/2，刺密、无棱、瘤适中，瓜型美观、腰瓜长 35cm 左右，畸形瓜率极低，果肉淡绿色，肉质甜脆，品质好，商品性佳。生育期长，不易早衰，产量均衡。

2. 津优 35 号

天津科润黄瓜研究所育成。该品种抗枯萎病、霜霉病、白粉病、病毒病，耐低温弱光，也较耐热。植株生长势较强，叶片中等大小，以主蔓结瓜为主，瓜码密，第 1 雌花节位着生在主蔓第 4 节，回头瓜多，单性结实能力强。瓜条生长速度快，早熟性好。瓜条顺直，皮色深绿、光泽度好，瓜柄小于瓜长 1/8，心腔小于瓜横径 1/2，刺密、无棱、瘤中等，腰瓜长 32～34cm，畸形瓜率小于 5%，单瓜重 200g 左右，质脆味甜，品质好，商品性极佳。适宜越冬及春秋设施栽培。

3. 中农 21 号

中国农业科学院蔬菜花卉研究所育成。该品种抗枯萎病、黑

星病、细菌性角斑病、白粉病等病害。生长势强，主蔓结瓜为主，第1雌花着生于主蔓第4至第6节。早熟性好，从播种到始收需55天左右。瓜长棒形，瓜色深绿，瘤小，白刺、密，瓜长35cm左右，瓜粗3cm左右，单瓜重约200g，商品瓜率高。耐低温弱光能力强，在夜间10~12℃下，植株能正常生长发育。适宜长季节栽培。

4. 中农13号

中国农业科学院蔬菜花卉研究所育成。该品种高抗枯萎病、黑星病、疫病，耐霜霉病。植株长势强，生长速度快。以主蔓结瓜为主，侧枝较强。早熟种，第一雌花着生于主蔓第2至第3节，雌花节率约50%。结瓜集中，连续结瓜性好，可多条瓜同时生长。瓜呈长棒形，瓜长25~30cm，横径约3cm，单瓜重100~150g。瓜柄短，瓜皮深绿色，有光泽，无黄色条纹，瘤小，刺密，白色，无棱，皮薄，肉质脆，微甜，清香，商品性好，品质佳。耐低温性强。适于北方各地区日光温室和大棚栽培。

5. 津春4号

天津市农业科学院黄瓜研究所育成。该品种抗枯萎病、霜霉病、白粉病能力较强。植株生长势强，分枝多。叶片较大而厚、深绿色。第一雌花着生于主蔓第4至第5节，以主蔓结瓜为主，侧蔓亦能结瓜，且有回头瓜。瓜条棍棒形，瓜色深绿、有光泽，白刺，棱瘤明显，心室小于瓜横径的一半，肉厚、质脆、致密，清香，商品性好。早熟，生育期约80天，从播种至始收需50天左右。果实长30~40cm，单瓜重200g左右，丰产性能好。耐贮运。喜冷凉，不耐热，适应性广。

6. 精育2000号

泰安市泰丰园艺有限公司育成。抗枯萎病、霜霉病、白粉病等病害；春秋大棚、春秋露地兼用品种。植株生长势强，主蔓结瓜为主，叶片中等大小；耐热性好、瓜码密，瓜条生长速度较快，瓜条长棒状、深绿色、油亮型，刺瘤中等，腰瓜长35cm左右，单瓜重200g左右，瓜柄短，心腔小，品质佳，商品性好，丰产性强。

（二）番茄抗性品种

番茄栽培的常见土传病害主要有黄萎病、青枯病、根腐病、根结线虫病等。

目前，番茄根结线虫病是危害严重的土传病害之一，番茄根结线虫主要侵染番茄根部，尤其侧根受害多。根上形成很多近球状瘤状物，影响根部吸收水分养分，造成地上部生长发育受阻。早在20世纪40年代，科学家就已把野生番茄对根结线虫的抗性成功地转入到了栽培番茄中。20世纪60—70年代抗线虫番茄品种就已在发达国家应用。根据国内外番茄品种的选育情况，番茄品种中有抗根结线虫病的品种。

生产上选择抗性品种控制土传病害时，既要考虑品种对常发土传病害具有一定的抗性，又要考虑对其他病害的抗性，同时还要充分考虑品种的生长势、果实性状，尤其是产量和品质性状等。当前选择抗性品种时，应首先考虑品种的抗根结线虫病的能力。

1. 戴维森

以色列海泽拉种子公司育成。对黄萎病、枯萎病、根结线虫病有抗性，抗TY病毒，长势旺盛，果实扁球形，单果重160~220g，大红色，硬度高，货架期长。适合秋延迟和春季栽培。

2. 飞天

以色列海泽拉种子公司育成。抗根结线虫病、病毒病等，中熟，果实扁球形，果色亮红，连续坐果能力特强，硬度好。平均单果重150~220g。抗病毒病、根结线虫。适合秋延迟栽培。

3. 齐达利

瑞士先正达种子公司育成。抗番茄枯萎病、黄萎病、黄化曲

叶病毒、花叶病毒等。无限生长类型，中熟品种。植株节间短。果实圆形偏扁，红色，颜色美观，萼片开张，单果重约 220g。果实硬度好，耐贮运。

4. 普罗斯旺

由荷兰引进。该品种高抗根结线虫病、叶霉病、黄萎病、条斑病。植株长势旺盛，不早衰，产量高。果实粉红色，高圆形，单果重 250~300g，大小均匀，果形美观，硬度高，耐运输。适合设施早春茬、秋延茬和越冬一大茬栽培。

5. 浙粉 302

浙江省农业科学院蔬菜研究所育成。无限生长类型，中早熟，综合抗性好。高抗南方根结线虫，抗番茄花叶病毒病（ToMV）、枯萎病。果实扁圆形，表皮光滑，幼果淡绿色、无绿果肩，成熟果粉红色，色泽鲜亮，着色一致。果实大小均匀，单果重 230g 左右（每穗留 3~4 个果时）。果皮、果肉厚，果皮韧性好，裂果和畸形果少，耐贮运。长势强，叶色浓绿，耐低温、高温，坐果性佳，连续坐果能力强。

6. 青农 866

青岛农业大学育成。该品种抗根结线虫病和病毒病。属无限生长类型，生长势强，叶片稀疏，耐低温、弱光。果实扁圆形，粉红色，单果重 220g 左右，风味口感好，可溶性固形物含量可达 4.5%以上。耐贮运。

7. 仙客 6 号

北京市农林科学院蔬菜研究中心育成。对根结线虫、枯萎病、ToMV 和叶霉病具有复合抗性。在根结线虫发生严重的地区棚室栽培表现更为突出。植株为无限生长型，主茎第 7 至第 8 片叶着生第 1 花序，中早熟。未成熟果浅绿色、无绿肩，成熟果粉红色，果形稍扁圆和圆形，平均单果重 200g，大果可达 400~500g。果肉较硬，耐贮运。

8. FA-189

由以色列引进。该品种抗黄萎病、枯萎病和烟草花叶病毒。无限生长类型，植株生长旺盛，叶片稀少，冬季低温下着色较好。果实扁圆球形，单果重130~200g。果色鲜红，萼片大且不易萎蔫。口感好，耐贮运。

9. 百利

由荷兰瑞克斯旺引进。该品种抗黄萎病、枯萎病和烟草花叶病毒病。无限生长类型品种，早熟，生长势旺盛，坐果率高，丰产性好，耐热性强，在高温、高湿下能正常坐果，适合于越夏栽培。果实大红色，单果重180~200g，色泽鲜艳，品味佳。正常栽培条件下无裂纹、无青皮现象，质地硬，耐运输、耐贮藏，适合于出口和外运。

10. 耐莫尼塔

由以色列尼瑞特种业引进。该品种高抗根结线虫病、黄萎病、花叶病。无限生长类型。植株生长旺盛，高温、低温下连续坐果能力强。果实大红色，圆形，单果重160~200g，果面光滑，外观美，果实坚硬。果色转红后，在植株上挂果时间长。货架期长，耐贮运。适宜早春、秋延迟和深冬栽培。

11. 金棚M213

西安金鹏种苗有限公司育成。该品种高抗南方根结线虫病、番茄花叶病毒、叶霉病，抗枯萎病。无限生长大红果类型，植株长势较强。果实高圆形，幼果无绿肩，光泽度好，成熟果大红色，一般单果重200~250g，大的可达350g以上。果肉厚，硬度大，耐贮运。耐寒且连续坐果。

12. 千禧

由我国台湾农友种苗有限公司引进。该品种高抗根结线虫病和枯萎病。无限生长类型，生长势强。果实桃红色，椭圆形，单果重约20g。可溶性固形物高达9.6%，风味极佳，不易裂果。

每穗可结 14～30 个果，高产。耐贮运，采收期、货架期长。适合设施越冬和早春栽培。

（三）茄子抗性品种

目前，茄子的主要土传病害是黄萎病、根结线虫病、根腐病、青枯病。茄子黄萎病由于茄子栽培品种的遗传背景比较窄，在栽培茄子品种中缺乏抗黄萎病的材料。高抗黄萎病材料多为野生种和半野生种，无法直接利用。茄子根结线虫病是近年来危害越来越重的病害，根据研究目前尚缺乏抗根结线虫病的品种。

生产上选择抗性品种时，既要考虑品种对常发土传病害具有一定的抗性，又要考虑对其他病害的抗性，同时还要充分考虑品种的生长势、果实性状，尤其是产量和品质性状等。

国内外育成了大量茄子品种。仅 2011—2015 年共有近 50 家茄子育种单位育成茄子新品种 74 个，其中 62 个新品种通过省、地农作物品种审定委员会审定、认定或鉴定。以下主要介绍目前山东省及北方设施茄子生产中常用的抗病且高产优质的品种。

1. 布利塔

由荷兰瑞克斯旺公司引进。该品种抗病、高产、耐低温。植株开展度大，无限生长类型，花萼小，叶片中等大小，早熟，丰产性好，生长速度快，采收期长。果实长形，长 25～35cm，直径 6～8cm，单果重 400～450g，紫黑色，质地光滑油亮，绿萼，绿把，比重大。味道鲜美。耐储存，商品价值高。正常栽培条件下，亩产 18 000kg 以上。

2. 东方美琪

济南茄果种业发展有限公司育成。该品种耐黄萎病，耐褐纹病，耐低温，抗高温，丰产。长势健旺，茎秆直立，每隔一片叶着生一花序，复花率高，坐果能力强，萼片翠绿，萼片、叶片无刺。果实长棒状，果长 25～32cm，横径 6cm 左右，单果重 400～500g，果顺直，果型上下均匀，果色油黑亮丽，果皮光滑细腻，无青头顶，无阴阳面，商品性优，果肉紧致细密，耐贮运，货架期长。

3. 大龙

由日本引进。植株高抗黄萎病。分枝旺盛，丰产性强。耐低温，坐果能力强。果实黑亮，果长 25~33cm，果粗 5~7cm，果肉柔嫩，品质佳。适合在山东地区设施越冬、早春栽培。

4. 黑帅

济南茄果种业发展有限公司育成。该品种抗病、抗逆性强，产量高。生长势强，坐果密，萼片黑紫色。果实粗直棒状，果长 30cm 左右，横径 8cm 左右，平均单果重 600g 左右，果色黑紫艳丽，无阴阳面，无青头顶。果肉淡绿色，口感好，果肉组织致密，耐储存，货架期长。

5. 西安绿茄

该品种抗茄子黄萎病、绵疫病、黄萎病。早熟品种，植株生长旺盛。第 6 至第 7 节位着生门茄。果实长卵圆形，个大且油绿，光洁度高，少籽，耐老，肉质洁白细嫩，弹性好，品质优，单果重 700~900g。坐果能力强，丰产潜力大。

6. 安德烈

从荷兰瑞克斯旺公司引进。该品种植株生长旺盛，开展度大，花萼小，叶片中等大小，无刺。早熟，丰产，采收期长。果实灯泡形，直径 8~10cm，长度 22~25cm，单果重 400~450g。果实紫黑色，绿把，绿萼，光滑油亮。果实整齐一致，品质优。货架期长。

7. 长杂 8 号

中国农业科学院蔬菜花卉研究所育成。株型直立，生长势强，单株结果数多。果实长棒形，果长 26~35cm，横径 4~5cm，单果重 200~300g。果色黑亮，肉质细嫩。果实耐老，耐贮运。适合设施早春及越冬栽培。

8. 茄杂6号

河北省农林科学院经济作物研究所育成。该品种耐弱光，易坐果，着色好，抗性强。株形紧凑，门茄着生在主茎第6节左右。果实扁圆形，果色黑亮，果肉浅绿，单果重850~950g，商品性好。适合春、秋设施栽培。

9. 快圆茄

天津市郊区地方品种。该品种抗病，耐寒性强。株高60~70cm，开展度70cm。茎秆紫色，叶长卵圆形，绿色，叶柄及叶脉浅紫色。门茄着生于主茎第6节左右，果实近圆形，纵径约10cm，横径12cm，外皮紫红色，有光泽，肉质紧实，单果重500g左右。果实生长快，前期产量高。

（四）辣椒抗性品种

目前，辣椒的主要土传病害是根腐病、疫病、青枯病、根结线虫病等。选用辣椒的抗性品种控制土传病害，要求辣椒品种不仅抗病性能好，而且产量高、品质好。生产上缺乏抗根结线虫的品种。在各种土传病害中，辣椒品种抗根腐病、疫病在选择品种中要优先考虑。

以下主要介绍目前山东省及北方设施辣椒生产中常用的抗病且高产优质的品种。

1. 长剑

由日本引进。该品种高抗疫病和病毒病。植株高大健壮，无限生长，抗逆性强，易栽培，连续结果力强。果实生长速度快，单果重120~150g，果实淡绿色，果长30cm左右，横径5cm左右，果实辣味适口，口味好。高抗病毒病、疫病、枯萎病等。适于设施春秋及越冬栽培。

2. 37-74

由荷兰瑞克斯旺公司引进。该品种植物开展度中等，生长旺盛，连续坐果性强，采收期长。耐寒性好。果实羊角形，淡绿色，长度 20~25cm，横径 4cm 左右，外表光亮，商品性好，单果重 80~120g，辣味浓，抗锈斑病和烟草花叶病毒病，产量高。适合设施越冬、早春和秋延后栽培。

3. 长胜

山东省华盛农业股份有限公司育成。植株生长势比较旺盛，分枝较多，枝条硬度好。叶色深绿，小叶片，通风透光性好。早熟，连续坐果能力强。中果型辣椒品种，果实长羊角形，适宜生长条件下，果实长 27cm 左右，横径 4. 3~4. 7cm。皮黄绿色，表皮比较光滑，辣味适中。

4. 曼迪

由荷兰瑞克斯旺种子公司引进。植株生长势中等，节间短。坐果率高，果实方形，壁厚，果实长度 10 ~ 12cm，横径 9 ~ 10cm，单果重 200~260g。外表鲜亮，色泽好，成熟后由绿转大红色，果实鲜艳美观，商品性好。耐贮运。果实可以绿果采收，也可以红果采收。抗烟草花叶病毒。

5. 红罗丹

由以色列海泽拉种子公司引进。该品种植株高大旺盛，生长势强，开展度大。易坐果。果实长方形，果长 15cm，横径 9cm，平均单果重 250g，3 心室或 4 心室，果皮光滑、鲜亮，成熟时颜色由绿转红，果肉厚，耐贮藏和运输，货架期长。

6. 农大 40

中国农业大学育成。植株长势强，分枝力强，株型紧凑。果实灯笼形，纵径 12~13cm，横径 8~9cm，肉厚约 0. 6cm，单果重 150g 左右。果实深绿色，果面光滑，肉质脆甜，品质优良。中晚熟，适应性强，抗病毒病。适于露地及设施栽培。

7. 紫贵人

由荷兰引进。属彩色辣椒系列品种。生长势中等，株型小，适合密植。果实长灯笼形，纵径 11cm 左右，横径 8cm 左右，幼

果和商品果皮紫色、光亮，肉厚，平均单果重 150g。抗病，耐低温和弱光。适合设施冬春及早春茬栽培。

8. 白公主

由荷兰引进。属彩色辣椒系列品种。植株长势较强，抗病。果实方灯笼形，纵径 10cm 左右，横径 10cm 左右，幼果和商品果皮蜡白色，果面光滑，果肉厚，平均单果重 170g 左右。果实硬，耐挤碰，适合贮运。适合设施冬春及早春茬栽培。

二、抗性嫁接砧木品种的选用

在设施栽培的主要果菜（如黄瓜、番茄、茄子、辣椒）上，采用抗性砧木嫁接技术是防控设施蔬菜连作障碍的最经济实用的有效措施。采用嫁接技术，首先要选择理想的砧木，要求砧木不仅与接穗之间有良好的亲和力（包括嫁接亲和性和共生亲和性），而且对接穗品种的风味品质没有影响或影响很小。

采用抗性砧木嫁接技术具有以下突出的优点：一是克服重茬障碍，减轻土传病害。嫁接苗利用砧木品种根部抗病能力，有效防止或减轻黄瓜枯萎病、茄子黄萎病、番茄根腐病、青枯病、蔬菜根结线虫病等。二是增产效果显著。砧木根系发达，吸水吸肥能力强，抗逆性强。嫁接后秧苗生长速度快且健壮，增产幅度增大。嫁接的黄瓜、番茄、茄子增产达到 30%~50%。三是提高植株生长势、耐寒力、耐旱力。嫁接所选用的砧木具有较大的根系，嫁接苗比自身苗生长旺盛，耐寒能力增强，嫁接苗抵御低温的能力较未嫁接的植株提高 5~8℃。四是增加作物收获茬次。由于嫁接苗生长势强，抗病，能延长生育期，一次播种定植，可收获多次，如种植一季西瓜能收获 2~3 次。

（一）适合黄瓜嫁接的抗性砧木

黄瓜的砧木主要是南瓜，其特点是抗枯萎病能力强、亲和力高。

1. 黑籽南瓜

黑籽南瓜是南瓜的一个种，因种子外皮黑色而得名。目前我国推广的是云南黑籽南瓜。黑籽南瓜属多年生蔓性草本植物。根系强大，茎圆形，分枝性强，叶圆形，深裂，有刺毛。花冠黄色或橘黄色，萼筒短，有细长的裂片；花梗硬，较细，棱不明显，果蒂处稍膨大。果实椭圆形，果皮硬，绿色，有不规则的白色条纹或斑块。果肉白色，多纤维。对日照要求严格，日照在13h以上的地区或季节不形成花芽或不能正常开花结果。黑籽南瓜种子千粒重为210~230g，饱满的种子外皮黑色且有光泽，稍瘪的种子呈褐色。种子有休眠期。当年采收的种子发芽率低，存放一年后发芽率提高。

黑籽南瓜作砧木，嫁接亲和力高，在温度、湿度适宜的条件下，嫁接成活率可达100%。嫁接后黄瓜抗多种土传病害，特别是枯萎病，由于南瓜根系发达，低温下表现优势明显，产量提高，而且黄瓜仍能保持不嫁接时的品质。

2. 土佐系南瓜

土佐系南瓜是黄瓜嫁接上较为普遍应用的砧木之一，是印度南瓜与中国南瓜的一代杂交种。土佐系南瓜属于种间一代杂交种，后代分离严重，生产上不能直接留种。土佐系南瓜品种较多，最有代表性的是新土佐南瓜。新土佐南瓜作砧木，嫁接亲和力强，在温度和湿度适宜的条件下，嫁接成活率达到100%。耐热、耐湿、耐旱，低温生长势强，抗枯萎病等土传病害。苗期生长快，胚轴粗壮。不易发生因嫁接引起的急性凋萎，能提早成熟和增加产量。

3. 火凤凰

东方正大种子有限公司育成。黄瓜专用嫁接砧木，种皮黄色，与黄瓜嫁接亲和力高，出苗整齐。秧苗抗病力强，长势强，瓜条鲜亮，口感脆甜。与黄瓜嫁接后可以增强黄瓜果皮的光泽

度，并且具有明显的脱蜡粉作用。

4. 金妈妈519

青岛金妈妈农业科技有限公司育成。针对耐低温嫁接需要研制，解决了传统黑籽南瓜嫁接后不脱蜡粉、瓜条商品率低、春节后死秧严重等问题。同时解决了传统油亮型黄瓜砧木越冬性能差、长势弱、早衰问题。也适用于增强黄瓜品种长势的嫁接需求。

5. 黄诚根2号

青岛市农业科学研究院育成。为黄瓜嫁接专用砧木。中国南瓜杂种一代，种皮浅黄色。与黄瓜嫁接亲和力、共生亲和力强。根系发达，高抗枯萎病，耐低温。对黄瓜口感品质无不良影响，嫁接具有去除黄瓜瓜条表面蜡粉的作用，增加瓜条亮度，明显改善黄瓜外观品质。适于设施黄瓜越冬、春早熟及秋延迟栽培。

6. 绿洲天使

河北省农林科学院经济作物研究所与唐山恒丰种业有限公司育成。植株生长势稳健，根系发达，茎蔓节间短，分枝性中等。叶肥大，掌状，深裂。果实卵圆形，黄绿色，表面有白棱，种子扁平，淡黄色，千粒重115g。幼苗子叶较小，茎实心期较长，不易徒长，下胚轴长5~6cm，粗0.3~0.4cm（粗度与黄瓜苗接近，利于嫁接）。具有较强的抗病性，对枯萎病免疫，高抗炭疽病、霜霉病等。耐低温能力明显高于对照品种黑籽南瓜。嫁接黄瓜瓜条油亮直顺，表面不产生蜡粉，口感甘脆，商品性极佳。

7. 甬砧2号

由宁波市学业科学研究院育成。该品种是中国南瓜杂交种，适宜黄瓜嫁接。高抗枯萎病，耐逆性强，长势中等，嫁接后亲和力好，嫁接成活率高，发芽整齐，嫁接后不影响黄瓜口感和风味，有蜡粉的黄瓜品种嫁接后不产生蜡粉，适宜早春和夏秋季设施栽培。

（二）适合番茄嫁接的抗病砧木

番茄嫁接的所用的砧木主要是抗病野生番茄、野生茄子及其他茄科类植物。根据作者以“毛粉 808”为接穗的嫁接证明（表 3-1），坂砧 2 号、托鲁巴姆、黏毛茄等砧木对根结线虫表现高抗。

表 3-1　抗根结线虫砧木嫁接的筛选（2010 年）

砧木	供鉴株数	病情指数	抗性类型
坂砧 1 号	40	55. 9	S
坂砧 2 号	40	8. 9	HR
黏毛茄	40	7. 6	HR
托鲁巴姆	40	5. 8	HR
兴津 101 号	40	46. 3	MR
JZM-1	40	9. 2	HR
千禧	40	16. 2	R
耐莫尼塔	40	18. 1	R
FA-189	40	63. 9	S

目前生产上番茄嫁接常用的抗病砧木有托鲁巴姆、坂砧 2 号、曼陀罗、黏毛茄等。

1. 托鲁巴姆

番茄、茄子嫁接优良砧木，原产于美洲的波多黎各地区。对枯萎病、青枯病、线虫病、黄萎病达到高抗或免疫程度。植株生长势极强。根系发达，吸收水分、养分能力强。茎黄绿色，粗壮，节间较长，叶较大，茎及叶上有刺。花白色。小果呈浅黄色，2~3 个果一簇直接着生于粗干上。种子粒极小，千粒重为 1g，种子成熟后具有极强的休眠性，发芽困难，需用植物生长调节剂或变温处理。种子出土后前期幼苗生长缓慢，只有当植株长有 3~4 片真叶后，生长才比较正常。因此，采用托鲁巴母作砧

木时，需要比接穗苗提早 25~30 天播种。该砧木嫁接成活率高，嫁接后除具有高度的抗病性外，还具有耐高温干旱、耐寒、耐湿、耐盐的特点，产量成倍增长。

2. 坂砧 2 号

为番茄类砧木品种。根系发达，对根结线虫免疫。叶色浓绿，长势极强，与番茄各栽培品种的嫁接亲和性好，嫁接后番茄综合抗性强，可作为茬口番茄栽培嫁接砧木。

3. 曼陀罗

为野生茄科类植物，根系发达，对根结线虫免疫。叶色浓绿，长势极强，与番茄各栽培品种的嫁接亲和性极好，嫁接后番茄综合抗性强，可作为各茬口番茄栽培嫁接砧木。

4. 黏毛茄

为野生种。叶为蕨叶型，抗枯萎病、青枯病和根结线虫病等。植株生长势强，茎刺较少，节间长。黏毛茄嫁接亲和力高，容易成活。种子发芽容易，初期生长快，有较强的抗寒性、耐旱性、耐涝性，嫁接后果实品质好，产量高。

5. 兴津 101 号

主要抗番茄青枯病和枯萎病。早期幼苗生长速度较慢，若采用劈接，需比接穗早播 5~7 天。茎较细。吸肥力及生长势中等。

6. LS89

主要抗番茄青枯病和枯萎病。早期幼苗生长速度中等，若采用劈接，需比接穗早播 3~5 天。茎较粗，易嫁接。根系发达，吸肥力及生长势强。

（三）适合茄子嫁接的抗病砧木

目前国内常用的嫁接砧木主要有赤茄（红茄、平茄）、托鲁巴姆、托托斯加、黏毛茄、CPR、耐病 VF 等，托鲁巴姆、黏毛茄特性见上述，其他几个砧木的特性如下。

1. 托托斯加

从美国引进。生长势强健，易发芽，对土传病害有免疫力，嫁接后的茄子高抗黄萎病、枯萎病、青枯病、线虫病，结果延长1个月左右，产量提高1倍左右，对茄子品质无不良影响。托托斯加嫁接茄子，需要较茄子提前15~20天播种。

2. CRP

CRP为野生茄子，抗病性与“托鲁巴姆”相当，同时抗枯萎病、青枯病、线虫病、黄萎病。该品种茎、叶刺较多，故也称刺茄。植株生长势较强，根系发达，分布较深，耐涝性比“托鲁巴姆”强。茎黄绿色，粗度较“托鲁巴姆”细一些。花白色，果实成熟后黄色，小果。种子黄褐色，休眠期较长，但比托鲁巴姆易发芽。幼苗出土后，初期生长缓慢，但2~3片真叶后生长加快，同普通茄子。嫁接时比接穗提前20~25天播种。

3. 赤茄

又名平茄、红茄，是外国应用比较早的砧木品种，其突出特点是高抗枯萎病，中抗黄萎病。低温下植株伸长性良好，根系发达，侧根数多，主根粗而长。茎黑紫色，粗壮，节间较短，茎和叶面上有刺。果实鲜红色，呈扁圆形，每株着生果实较多，果实内种子较多。种子粒较大，白色，形似辣椒籽，易发芽，幼苗生长速度同普通茄子。嫁接成活率高，用赤茄作砧木需比接穗早播7天。由于赤茄抗病性范围较窄，在黄萎病严重的地块不适宜用作砧木。

4. 耐病VF

由日本引进。主要抗枯萎病和黄萎病。植株根系发达，生长势强，茎粗壮，叶片大，节间较长。种子发芽容易，可与各类茄子嫁接亲和性强，容易成活。播种时间仅比接穗苗提早3天即可。其嫁接苗生长旺盛，耐高温干旱，果实膨大快，品质优良，前期产量和总产量均较高。

（四）适合辣椒嫁接的抗病砧木

近年来，辣椒嫁接育苗技术应用发展较快，所选用的砧木不仅要抗土传病害，而且与辣椒嫁接的亲和力和共生力强且稳定，还要求不改变辣椒的形状和品质，不出现畸形果。

目前辣椒嫁接所用的砧木主要有野生辣椒、半栽培辣椒、栽培辣椒品种等。品种数量较少，主要砧木品种可分为 3 类。

（1）适合尖椒类品种的嫁接用砧：主要有 PFR-K64、PER-S64、LS279 以及欧洲品种塔基等。

（2）适合辣（甜）椒类品种的嫁接用砧：主要有威壮贝尔、铁木砧、布野丁、卫士等。

（3）其他砧木：有些茄子嫁接砧木，如托鲁巴姆、赤茄、耐病 VF 也可用于辣椒嫁接栽培。选用此类砧木时，一定要了解其与接穗的亲和力，先进行小面积试验。

第二节　填闲作物种植

在北方大部分地区，设施（日光温室、大棚）黄瓜、番茄等设施蔬菜收获后，进入休闲期，然后再种植秋茬或秋延迟茬蔬菜。从解决土壤连作障碍的需要，夏季可以种植水稻、鲜食玉米、大葱等作物。

一、夏季水稻种植技术

春季设施蔬菜如黄瓜、番茄、辣椒等作物收获后，撤掉设施上覆盖的棚膜，在设施内种植一茬水稻，改变土传病害病原菌生存的环境，减少土传病害的发生。试验证明，种植水稻可以显著减少或灭绝土壤中的根结线虫。

（一）品种的选择

选用抗逆性强、增产潜力大、品质优良、综合性状好的品种，如临稻十、临稻十一、阳光200、金粳818、圣稻18等。

（二）育苗

1. 苗床准备

苗田应选择地势高燥、排水良好的旱田地。整平耙细，愈细愈好，做到上松下实，没有大土块（防止架空秧田）。一般每667m^{2}施土杂肥4 000~5 000 kg、三元复合肥30~50kg、锌肥1.5kg。

2. 播种

设施黄瓜、番茄等蔬菜拉秧前40天左右播种。先将种子翻晒1~2天，然后进行浸种与种子消毒。可用1%的石灰水，或用50%的多菌灵1 000倍液浸种48h，也可用2%的福尔马林液浸3h，浸种消毒后用清水洗净种子。

播种前浇足底水，一般采用浅漫灌或泼浇的方法使0~20cm表土层达到暂时饱和为止。每667m^{2}播种量一般为30~40kg。畦面浇水播种后，取畦埂土盖于畦面，厚2~3cm。4天后轻镇压，退去约1cm厚土，使芽鞘接近地面，有利于幼苗生长和分蘖。有条件的地方也可覆盖地膜，不用覆盖厚土层。

（三）苗期管理

出苗前以保湿为目标，床土不干不喷水；出苗后至3叶期前，要尽可能不浇水，床土以干燥为主，如果叶片卷筒，第二天早晨叶片不吐水时，可喷水湿润。3叶期后至移栽前，也要以控水为主，遇到严重干旱时，可浇“跑马水”，严禁大量灌水和积水，并可结合苗情酌量追施肥料，或喷施1%~2%的尿素和磷酸二氢钾混合液，拔秧前3~5天每667m^{2}施尿素或复合肥5~10kg。

在秧苗1叶1心期至2叶期喷施200mg/kg的多效唑，可以

促进秧苗根系发育，降低株高，增加带蘖苗数，防止后期倒伏。

（四）稻田畦面整理

1. 整地

前茬作物结束后，将棚内的菜秧残体、落叶杂草进行全部清除，并使用旋耕机进行全面耕翻，旋耕深度为 15～20cm，然后整平。

2. 打埂

根据棚体设计，每隔 3m 作一畦面，两边打埂。要求土埂高 25cm，底宽 30cm，顶宽 20cm，踏实。

（五）插秧

1. 荡水

插秧前，先在畦中灌足水，后用铁耙等器具在畦面水中反复拖拭，力求水面保持长久。

2. 插秧

以 2 蘖苗及 2 蘖以上秧苗栽 1 株/墩、1 蘖苗 2 株/墩、0 蘖苗 3 株/墩为宜，栽插规格采取行距 24～26cm，株距 12～14cm，每 667m^2 栽 2.2 万～2.6 万墩。

栽插深度一般在 1.5～2cm 为宜，要站稳不倒即可。插秧时，田面浅水层应浅到有些地方露出土面的程度，即所谓花斑水才有利于浅插。

（六）肥水管理

实行稻菜轮作种植水稻，由于前茬蔬菜栽培中剩余养分较多，在水稻生产中一般不再施用基肥，可根据水稻长势情况施用追肥。

水分管理以湿润灌溉为主，总的原则是“寸水活棵，浅水分蘖，够苗晒田，浅水孕穗，湿润灌浆”。插秧返青后保持 3cm 左右的浅水层；分蘖期浅水勤灌，间歇露田促苗快发；高产稻田高峰苗数控制在有效穗数的1.2~1.3倍，当茎数达到计划穗数的80%~90%时开始晒田，中晚熟品种到分蘖终止期即使没有“够苗”也要进行晒田；孕穗、抽穗期保持浇水层，灌浆期用活水养根保叶，干湿交替，保持湿润到成熟。

（七）病虫害草的综合防治

水稻病害主要有纹枯病、稻瘟病（穗颈稻瘟病为主）和白叶枯病。纹枯病可用5%井冈霉素于发病初期喷洒底部，每667m^{2}用0.2kg，每隔10~15天喷施1遍，连喷3遍。防治稻瘟病可用20%三环唑于抽穗前5天喷施。白叶枯病可用叶枯宁防治。

水稻虫害主要有稻纵卷叶螟、稻飞虱、二化螟、三化螟等，可用三氟氯氰菊酯、阿维菌素、扑虱灵、吡虫啉等防治。

稻田杂草防治，在插秧后5~7天，每667m^{2}用50%丁草胺125~150g或10%吡嘧磺隆10~15g拌20kg细土均匀撒施，保持3~5cm水层5~7天。

（八）收获

水稻适宜收获的时期，一般为蜡熟末期至完熟初期。这时谷粒大多变黄，稻穗上部1/3的枝梗变干枯，穗基部变黄。

二、鲜食夏玉米种植技术

设施冬春茬黄瓜、番茄收获后，撤掉设施上覆盖的棚膜，在设施内种植一茬玉米，可以解决我国北方设施果类蔬菜生产中无机氮积累严重、土壤硝酸盐含量高的问题。根据中国农业大学赵小翠等人的研究表明，在夏季期间没有任何肥料投入和灌溉条件下，甜玉米生长状况良好，甜玉米地上部可带走土壤氮素128.1kg/hm^2，减少土壤无机氮累积数量403.1kg/hm^2，从而减少氮素损失的风险。

（一）品种的选择

选择生育期适宜，皮薄无渣、口感好、甜度适中、黏性高的优质高产抗病的甜、糯等适于鲜食的玉米品种。

（二）播种期

设施蔬菜收获后（6月中、下旬）玉米即可播种。考虑到玉米收获后一般种植越冬或早春茬蔬菜，玉米收获后不能影响后茬蔬菜移栽，所以玉米播种期不能过晚。

（三）隔离

鲜食玉米栽培必须与普通玉米隔离，防止因串粉而影响鲜食玉米的品质。空间隔离间距应在300m以上。时间隔离时，播期应间隔15天以上。

（四）播种

播前进行人工选种，除去瘪粒、霉粒、破碎粒及杂质，然后用0.2%磷酸二氢钾液浸种2~8h。宽窄行种植，宽行80cm，窄行50cm，株距25~30cm，每667m^{2}栽植3 500~4 000株。播种深度5~6cm，每穴播种子2~3粒。

（五）田间管理

1. 间苗补苗去分蘖

当鲜食玉米长至3~4叶期进行间苗和补苗，5叶期定苗，每穴留1株苗。结合间苗及时除草。

鲜食玉米由于自身品种特性，植株分蘖较多，应在苗期及时去除分蘖。

2. 留双穗

鲜食玉米一般都具有多穗性，为提高果穗商品性状，每株最多留2个果穗，其余果穗尽早除去。

3. 追肥

由于栽培设施蔬菜的土壤中含有大量的肥料，尤其是氮肥，因此种植鲜食玉米时一般需要追肥。

4. 灌溉与排涝

各生育期适宜的土壤水分指标分别为：播种期75%左右，苗期60%~75%，拔节期65%~75%，抽穗期75%~85%，灌浆期67%~75%。低于下限水分指标应浇水。

生长前期怕涝，淹水时间不应超过0.5天。生长后期对涝渍敏感性降低，淹水不得超过1天。遇涝及时排除。

5. 病虫防治

鲜食玉米一般含糖量高，品质好，玉米螟危害较重，在大喇叭口期用Bt生物颗粒杀虫剂或巴丹可溶性粉剂防治，严禁使用残效期在20天以上的剧毒农药。

（六）采收

鲜食玉米由于是采收嫩穗，适期收获非常重要，采收过早，干物质和各种营养成分不足，营养价值低；采收过晚，表皮变硬，口感变差。适收期为授粉后20~23天，品种不同略有差异。授粉后20天开始检查，做到适期采收。

（七）采后处理

鲜食玉米以售鲜穗为主，最好做到当天采当天销售，如需远距离销售，必须采取一定的保鲜措施，防止玉米果穗由于呼吸作用消耗自身的营养成分及水分，造成玉米的鲜度和品质下降。

三、大葱种植技术

前人研究证明，种植过茄果类、瓜类蔬菜的日光温室通过种植一茬大葱轮作倒茬，显著地降低了日光温室土传病虫害的发生。

（一）选用良种

可选用山东章丘大葱品系的大梧桐、气煞风品种，或鸡腿葱等。

（二）培育壮苗

育苗播种时间分秋季育苗和春季育苗。秋季育苗，山东等地以10月5—10日为宜，过早播种易抽薹，过晚播种易受冻害。春季以3月底至4月初为宜。育苗田畦宽一般80~90cm，整畦后撒播种子，盖土1~2cm，每667m^{2}用种量1.5~2kg。播种后浇水，2~3天后轻耧苗畦以松土保墒，10天左右苗即出土。出齐苗后，遇旱浇水，封冻前浇封冻水，确保安全过冬。2月下旬后，间苗防太密，通过间密补稀，去小留大，使幼苗生长大小一致。清明节后遇旱浇水2~3次，每667m^{2}每次追施三元复合肥15kg。6月上旬，停水控苗，准备移栽。

（三）移栽

日光温室作物收获（一般在6月中、下旬）后整地，开沟。由于前茬土壤肥力高，一般不用施肥。按不同沟距开沟起垄，沟深17~23cm。挖出葱苗抖去泥土，除掉烂叶。选择叶片无病斑、根系完整、茎秆粗直，无伤痕、植株顶部没花穗的葱苗，按大小分级分区栽植。每667m^{2}苗田移栽大田2 667m^{2}左右。不同品种可采用不同的密度：梧桐葱，行距70cm，沟深23cm，株距5cm；气煞风葱，行距65cm，沟深20cm，株距4cm；鸡腿葱，行距60cm，沟深17cm，株距3cm。移栽方法一种是旱栽法，即按株距将葱苗顺沟排列，埋土定植后浇水；二是水栽法，即先浇水，待水渗下后用葱杈叉住葱根直插入沟。

（四）田间管理

1. 肥水管理

移栽后至立秋前，天气高温多雨，大葱缓苗生长慢，无需浇水施肥，不遇大旱不用浇水，更不用施肥。防止田间积水。

立秋以后，气温逐渐降低，根系吸收功能增强，进入发叶盛期，对水肥的需要增加。立秋至白露期间，浇水的原则是“轻浇、早晚浇”，结合浇水追施“攻叶肥”，每 667m^2 施用腐熟的农家肥 750kg、过磷酸钙 20~25kg、硫酸钾 10kg，以促进叶片快速生长。

白露以后，天气凉爽，昼夜温差加大，大葱进入了葱白形成时期，也是肥水管理的关键时期。在白露至秋分，追肥以速效性氮肥为主，每 667m^2 追施纯氮 5kg 左右为宜，增施硫酸钾 15kg。浇水的原则是“勤浇、重浇”，经常保持土壤湿润，以满足葱白的生长需要。霜降以后，天气日益变凉，叶身生长日趋缓慢。叶面水分蒸腾减少，应逐渐减少浇水，收获前 7~8 天应停止浇水，以提高大葱的耐贮性。

2. 培土软化

培土是软化叶鞘、防止倒伏、提高葱白产量和品质的重要措施。从立秋到收获前，应培土 4 次，分别在立秋、处暑、白露和秋分进行，每次培土厚度均以培至最上叶片的出叶口处为宜，切不可埋没心叶，以免影响大葱生长。

3. 病虫害防治

大葱病害以霜霉病、紫斑病为主。虫害以葱蓟马、潜叶蝇为主。

霜霉病：可选用 50%烯酰吗啉可湿性粉剂 1 500倍液，或用 687. 5g/L 氟吡菌胺・霜霉威悬浮液 1 500倍液，或用 52. 5%恶唑菌酮・霜脲氰水分散粒剂 2 000倍液喷雾。

紫斑病：发病初期，选用 10%苯醚甲环唑水分散粒剂 1 500倍液，或用 35%氟菌・戊唑醇悬浮液 2 500倍液喷雾。

葱蓟马：在危害初期，可用 2. 5%多杀菌素悬浮剂 1 000~1 500倍液，或用 10%吡虫啉 2 000~3 000倍液，或用 2. 5%溴氰菊酯乳油 2 500~3 000倍液喷雾防治，连喷 2~3 次。

潜叶蝇：在缓苗后可喷 1. 8%阿维菌素乳油 1 500倍液，或用 75%灭蝇胺可湿性粉剂 3 500倍液。在产卵盛期至幼虫孵化初

期，喷20%氰戊菊酯乳油2 000~3 000倍液，或用2.5%溴氰菊酯乳油2 000倍液，每7~8天喷1次，连喷2~3次。

（五）收获

9月下旬以后，根据市场需要及后茬设施蔬菜（如黄瓜、番茄、甜瓜）移栽时间，随时收获。收挖后抖净泥土，撕去枯叶，每5~10kg扎成捆上市。

第四章　秸秆生物反应堆技术

秸秆反应堆技术是克服土壤连作障碍的综合性技术。该项技术在一定的设施条件下，通过特定微生物的作用，将作物秸秆定向转化成植物生长需要的二氧化碳、热量、有机和无机营养等，从而实现培肥地力、减少土传病害、提高产量和改善品质，并达到优质农产品生产水平的设施栽培应用技术。该技术的产生是伴随着农作物产量理论的创新和突破，进而带动工艺创新发明的，是一项全新概念的农业增产、增质、增效新技术。

秸秆反应堆技术的实施，一是可加快农业生产要素的有效转化，能够解决秸秆利用问题，使农业资源多层次充分再利用，农业生态进入良性循环，提高土壤生产力，实现农业生产的可持续发展；二是实现“两减三增”（即减少化肥、农药用量，增加产量、质量、效益）；三是生产无化肥和农药残留的农产品，提高农产品质量，提高农产品核心竞争力，提高人民生活质量。

第一节　秸秆生物反应堆技术的种类与建造

秸秆生物反应堆有 3 种：内置式、外置式、内外结合式。生产上多数菜农采用内置式，有条件的最好采用内外结合式。

一、内置式秸秆生物反应堆

内置式反应堆因其具有显著的二氧化碳效应、地温效应、有机改良土壤效应和生防效应，且适用作物品种广、投资小、增产作用大而深受用户的欢迎。按其所处的位置，可分为定植行下和行间内置式 2 种。

（一）行下内置式秸秆生物反应堆

定植前在小行（种植行）下开沟，沟宽与小行相等，一般 60~80cm，沟深 15~20cm，沟长与小行长相等，起土分放两边。接着填加秸秆，铺匀踏实，厚度 30cm，沟两头露出 10cm 秸秆茬，以便进氧气。填完秸秆后，按每沟所需菌种均匀撒在秸秆上，用铁锨拍振一遍后，把起土回填于秸秆上。然后在沟内浇水湿透秸秆，2~3 天后，找平起垄，秸秆上土层厚度保持 15cm 左右，然后定植。盖膜后，按 20cm 见方，用 14 号钢筋打孔，孔深以穿透秸秆层为准。内置反应堆每 667m^2 菌种用量 8~10kg。秸秆用量根据种植蔬菜种类而定，一般为 4 000~5 000kg。

采用行下内置式秸秆生物反应堆的好处是：根区传热快、增温值高、根系直接向反应堆延伸，吸水保水性能好，适合于多种蔬菜种植。

（二）行间内置式秸秆生物反应堆

一般小行高起垄（20cm 以上），定植。在大行内起土 15cm 左右，铺放秸秆 20cm 厚，踏实找平，按每行用量撒接一层处理好的菌种，用铁锨拍振一遍，回填所起土壤，覆土厚 5~10cm，浇大水湿透秸秆。待 2~3 天后，盖地膜打孔。打孔要求：在大行两边靠近作物处，每隔 20cm，用 14 号钢筋打一个孔，孔深以穿透秸秆层为准。菌种和秸秆用量同定植行下内置式。

此种内置反应堆，应用时间长，田间管理更常规化，初次使用者更易于掌握。已经定植或初次使用反应堆技术种植蔬菜的可以选择此种方式。也可以作为行下内置反应堆的一种补充措施。

二、外置式秸秆生物反应堆

规范的外置反应堆由 3 部分组成：一是反应系统，包括秸秆、菌种、塑料薄膜、氧气、隔离层等；二是贮存系统，包括贮气池、取液池；三是交换系统，包括交换机、输气带、进气孔、输气道。简易外置反应堆没有交换机和输气带。

外置反应堆因季节不同，建设位置不同，春、夏、秋季建在棚室外，冬季建在棚室内。建设步骤如下：

（1）建池。分为棚室内和棚室外两种形式。

棚室外外置反应堆的建法：离棚室前沿 1.5m 处挖一条东西长 15~20m，宽 1.0~1.5m，深 0.6m 的贮气池。池的两头挖一条宽 25cm，深 30cm，直通向大棚两侧山墙内侧的回气道，末端再安一个高 1.5m，直径 1.1m 回气塑料管，而贮气池中间再挖一条垂直通向大棚内的长 3m，宽 0.8m，深 0.7m 的进气道，棚内终端可建一个口径 60cm×60cm，上口径为 45cm×45cm，高出地面 30cm 的交换机地盘。整个基础用单砖水泥砌垒。

棚室内外置反应堆建造与棚外不同之处，是在大棚两山墙的内侧，离墙 0.6m 挖一个贮气池，该池无回气通道，长度略短于山墙，宽度 1.5m，深 0.8m，两端各留一个 25cm×25cm 的回气孔，中间从底部通出一个 50cm×50cm 离开贮气池 60cm、高出地面 25cm、上口径 45cm×45cm 的交换机地盘，基础用单砖水泥垒砌。交换机上安装二氧化碳微孔输气带。

（2）放杆拉铁丝。在贮气池上沿每隔 1m，横摆一根水泥杆，贮气池上口每隔 20cm 纵拉一道铁丝，并固定在水泥杆上，以便放秸秆。

（3）拌菌种。反应堆基础建完后，接着进行拌菌种。每次菌种用量 3kg，中间料可用麦麸 25kg、粉碎的玉米芯 150kg、水 230kg，三者充分拌匀，摊放于大棚内，厚度 15cm，上面盖帘遮阳，发酵 3 天即可使用。

（4）填料与接种。秸秆的填加与接种一般分三层。第一层厚度为 40cm，第二层厚度为 50cm，第三层厚度为 50cm。填加秸秆

的种类很多，如玉米秸、麦秸、稻草、谷糠、豆秸、杂草、树叶等均可使用。三层接种用量按 2∶1∶2，将菌种均匀撒接于秸秆上，接种完毕后，喷水淋湿，加水数量按每千克加水 1.5kg 为宜。接着打孔，孔径 10cm，孔距 40cm。盖膜保湿，开机通氧抽气。

（5）交换机安装使用。该机功率 150W，每小时流量 2 900m^3。安装要求，要使交换机与底盘密封好，使外界空气不能从底盘进入交换机内。反应堆加料接种后的当天进行开机供氧，第二天就有二氧化碳产生。每天上午 8 时开机，日落 1h 前关机。苗期 4~5h，开花结果期 8h。

（6）外置反应的管理。定期加水通孔。一般棚外反应堆每 10 天左右加 1 次水，棚内反应堆每 8 天左右加 1 次，每次水量以湿透秸秆为准，每次加水后要在反应堆顶部以 30cm×30cm 见方打孔，孔径为 3cm 以增加氧气，加速秸秆的氧化分解。当每次所加秸秆转化消耗 1/2 时，要及时添加秸秆和菌种。

第二节　秸秆生物反应堆的使用与管理

一、秸秆生物反应堆启动的外界因素

（一）菌种量

在相同秸秆数量条件下，随菌种量的增加反应速度加快，二氧化碳多，产生热量大，反应持续时间短，单位时间内消耗秸秆多。各地应用结果菌种与秸秆的比率 1∶（500~700），菌种与中间料（麦麸、稻糠）比率 1∶（30~40）较为适宜。

（二）温度

反应堆所需启动温度一般是 10℃，适宜的温度是 18~33℃，从 10~33℃随温度的升高而反应加快，生物活动积累提升温度，

这种生物热替代弥补外界温度的不足要消耗一定秸秆资源，所以，在低温条件下应用生物反应堆随时注意增加 20%~30%的秸秆和菌种。

（三）水分

反应堆湿度过大、过小都会影响反应速度，只有在适宜水分下反应才能加快，随反应进行失水速度急剧下降，应做到及时补水，在大棚温室栽培中每隔 7~8 天反应堆就要加 1 次水。一般禾本科植物秸秆加水比率为 1：（1.35~1.45），豆科植物秸秆加水比率为 1：（1.45~1.5），木本下脚料（木屑、刨花、锯末）类为 1：（1.6~1.8），并要始终保持这样的比例。

（四）气体

含氧量在 10%~30%，反应堆内随含氧的升高反应加快，反应所需时间短，缺氧就会出现相反的结果，在绝对无氧条件下是不产生二氧化碳和热量的。因此，对反应堆提供充足的氧气是发挥反应堆效能的关键，采用交换机、进气孔与贮气池连成一个气体循环系统，每天要保持开机 3h 以上。

（五）pH 值

pH 值在 4~12 范围内反应均可进行，调节适宜的 pH 值范围，对提高反应堆速度非常重要，生产上应用经验是秸秆反应堆起初的 pH 值用石灰粉调节至 8.0~10.5，45~50 天以后再调节至 6.5~8.0，80~100 天调节在 5.5~6.5 即可。

二、内置式秸秆生物反应堆的使用与管理

（一）行下内置秸秆生物反应堆

行下内置秸秆生物反应堆在使用和管理中应该注意以下问题。

第一，定植时反应堆秸秆上的土层不宜过厚或过浅，一般

15~20cm，掌握挖穴栽苗，根系离秸秆层 5~6cm 为宜。

第二，浇足头两次水后，整个冬季浇水要比常规浇水次数减少 1~2 倍，掌握晴浇阴不浇，午浇（上午 9 时至下午 2 时）晚不浇，一般 30~40 天浇 1 次。因为秸秆储水供水能力大于土壤 3~4 倍，若按常规浇水就会在反应堆中积水过多而影响蔬菜生长。

第三，化肥作追肥，每次用量减少 60% 以上，结果前以尿素为主，以后可配合 N、P、K 混合使用。

第四，配套内置反应堆接种植物疫苗。定植穴内施用植物疫苗对防治线虫和土传病害效果显著。对根结线虫等土传病虫害较重的蔬菜棚室每 667m^2 用疫苗 4~5kg，土传病虫害较轻的用疫苗 2~3kg。使用前先按 1kg 疫苗掺 20kg 麦麸，40kg 粉碎的玉米芯和玉米秸粉，加水 37kg，三者混匀，摊放于室内或阴暗处，厚度 8cm，冬天放置 4~5 天，春季放置 3~4 天，夏季放置 1~2 天，即可使用。

定植时接种，按每穴疫苗用量均匀放入穴中，并与土壤掺匀，然后放苗覆土，浇水，时隔 3~4 天再浇 1 遍水即可。生长期间接种，先在每株蔬菜周围起土 5~8cm 厚，使部分根系露出并有断根或破伤，再把疫苗均匀撒接根区，接着露土浇水，时隔 3~4 天再浇 1 次，此后转入常规管理。

（二）行间内置秸秆生物反应堆

蔬菜在定植后在种植大行间应用内置式秸秆生物反应堆，可在冬季温室内任何时间随时应用，灵活性较高，但一般采用的时间是 10 月下旬至 12 月底为最好。采用这种方式管理上应注意以下问题。

第一，在大行浇水只在反应堆做完后浇足 1 次水，以后均为小行浇水，水量和次数比常规法减少一半。

第二，加菌种量要充足。每 667m^2 秸秆用量 3 000~4 000kg，有条件的最好在秸秆上撒施一层牛、马、羊的粪便和饼肥再覆土，每 $667m^2$ 菌种用量 6~8kg，麦麸 90~120kg 拌菌种使用。这种方法一般可使蔬菜增产 30%以上，少用农药 70%以上，劳动用工减少 30%。

三、外置式秸秆生物反应堆的使用与管理

外置反应堆的建造所用秸秆和菌种的比例一般为 400：1。以 50m 长的大棚计算，一般需要秸秆 800kg，菌种 2kg，水约 $3m^3$，以充分湿透秸秆，贮气（液）池中有 1/3的积水为宜。菌种使用前的处理：使用前先按 1kg 菌种掺 20kg 麦麸，加水 18kg，三者混合拌匀后堆积 4~5h 即可使用。如果当天使用不完，应摊放于室内或阴暗处，厚度 5~8cm，降温散热，以备继续使用，注意放置时间不宜超过 5 天。

外置反应堆建好后，为充分发挥其效能，应做好“三补”和“三用”。

1. “三补”

即向外置式反应堆补气、补水、补料。

（1）补气。秸秆生物反应堆中的功能菌种需要大量的氧气。因此，向反应堆中补充氧气是十分必要的。补充氧气的具体措施是：反应堆盖膜不可过严，四周要留出 5~10cm 高的空间，以利于通气。反应堆建好当天就应当开机抽气。即使阴雨天，也应当每天通气 5h 以上。

（2）补水。水是微生物分解转化秸秆的重要介质。缺水会降低反应堆的效能。反应堆建好后，10 天内可用贮气（液）池中的水循环补充 1~2 次。以后可用井水补充。秋末冬初和早春每 7~8 天向反应堆补 1 次水；严冬季节每 10~12 天补 1 次水。补水是应以充分湿透秸秆为宜。结合补水，用直径 10cm 尖头木棍自上向下按 40cm 见方，在反应堆上打孔通气，孔深以穿透秸秆层为宜。

（3）补料。外置反应堆一般使用50～60天后秸秆消耗在60%以上。此时应及时补充秸秆和菌种。一次补充秸秆800kg，菌种2kg，浇水湿透后，用直径10cm尖头木棍打洞通气，然后盖膜。

2. “三用”

即用好反应堆的“气”“液”“渣”。

（1）用气。充分使用反应堆中的二氧化碳气体，是增产、增效的关键。所谓用好气是指要坚持开机抽气，苗期每天5～6h，开花期7～8h，结果期每天10h以上。不论阴天、晴天都要开机。每日开机时间上午9时至盖草苫前1h为止。

（2）用液。秸秆转化的物质，浸出液中占1/3左右。反应堆浸出液中含有大量的二氧化碳、矿质元素、抗病生物孢子，既能起到防治病虫害的效果，又有很好的营养作用，能显著提高蔬菜产量和增进蔬菜品质。在蔬菜生产上的应用方法是：按1份浸出液对50份水，在生长前、中、后期内各灌根1次，用量每株250ml左右。也可按1份浸出液对3份水进行叶面喷施，重点喷施叶背面和生长点，喷施时间在上午9时至下午3时进行。

（3）用渣。秸秆在反应堆中转化成大量的二氧化碳的同时，也释放出大量的矿质元素积留在沉渣中，它是蔬菜所需有机和无机养料的混合体，每次外置反应堆清理出的沉渣，收集起来，可作追肥使用。

第三节　秸秆生物反应堆技术效应

秸秆生物反应堆具有增加二氧化碳、提高地温、防治土传病害、改良土壤、减少农药污染等作用。

一、二氧化碳效应

利用内置式反应堆每667m^{2}用秸秆4 000～5 000kg，在低投入的情况下，可使一定面积的棚室内二氧化碳浓度提高4~6倍，达到1 500~2 000μl/l，增加光和效率50%以上，蒸腾下降，水分利用率提高75%~125%。植物生长加快，植株主茎增粗，节间缩短，叶片增大增厚，叶色前期黄绿有光泽，中后期浓绿发亮。开花坐果率提高60%以上，单果增重15%~20%，平均增产30%以上，蔬菜产量和质量显著提高。

二、温度效应

在早春、晚秋和严寒冬季设施内，内置和外置结合使用，20cm地温可提高4~6℃，气温提高2~3℃。早春蔬菜可提前10~15天播种、定植，成熟上市期提前10~15天，秋延迟蔬菜可延长生育期30多天。

根据五莲县农业局种子站李明霞等在番茄上试验（表4-1），应用秸秆反应堆的温室，20cm地温明显提高，比对照温室提高3~4℃。

表4-1　应用秸秆反应堆的温室与对照温室地温对比

处理	2006年12月25—27日3日平均			2007年1月6—7日2日平均			2007年1月11—12日2日平均		
	8：00	12：00	16：00	8：00	12：00	16：00	8：00	12：00	16：00
应用温室（℃）	4.7	22.0	17.5	4.5	17.5	13.6	3.6	15.4	9.6
对照温室（℃）	4.6	17.8	13.4	4.5	12.6	9.0	3.6	12.1	6.2

三、生物防治效应

反应堆产生的大量抗病孢子、生物酶，对土传病菌及害虫产生较强的寄生、拮抗、抑制和致死作用，生物防治效应显著。实践证明，可减少农药用量60%~70%，多年应用的地块可减少90%。连续使用3~5年，加上物理防治措施，效果更加突出。

根据五莲县农业局种子站李明霞等在番茄上试验（表4-2），应用秸秆生物反应堆的温室，对各种病害有明显的抑制效果，对灰霉病、晚疫病和早疫病的防治效果分别达到55.1%、59.1%和46.0%。

表4-2　应用秸秆反应堆番茄病害发生情况

处理	灰霉病			晚疫病			早疫病		
	病情指数	较对照（%）	防效（%）	病情指数	较对照（%）	防效（%）	病情指数	较对照（%）	防效（%）
应用温室	11.50	-14.10	55.10	6.46	-9.32	59.1	2.84	-2.42	46.0
对照温室	25.60			15.78			5.26		

四、有机改良土壤和替代化肥效应

中国土壤有机质大都在1%左右，与发达国家的4%~8%相比，差距甚大。应用秸秆生物反应堆技术，每年每667m^{2}使用秸秆4 000~5 000kg和微生物菌剂，20cm耕层土壤孔隙度提高1倍以上，有机质含量增加3倍以上，土壤团粒结构、蚯蚓和有益微生物显著增多，土壤生态环境水肥、气、热等要素明显改善。秸秆中的各种矿质元素被释放出来，土壤胶体颗粒吸附的各种矿质元素被秸秆反应堆酶解、溶解和活化变为有效元素，实现秸秆矿质元素的循环利用，为根系生长创作了良好的环境和条件，大量地替代化学肥料的使用，降低生产成本。大面积设施和大田应用秸秆反应堆，第一年可减少化肥用量50%以上。对3年以上的棚室可减少70%以上。

五、酶切处理土壤农药残留

秸秆在反应过程中，菌群代谢产生大量高活性的生物酶与农药分子接触，发生一系列酶解氧化反应，使农药分子结构改变，农药残留被分解，最终变成了二氧化碳。经测定，应用秸秆生物反应堆1年，土壤中农药残留减少80%，应用2年，基本上可分解农药残留，对食品安全意义重大。

总之，秸秆生物反应堆的效应是多方面的，根据寒亭区农业局试验（表4-3），在西瓜上应用秸秆生物反应堆技术，在定植时间相同的条件下，收获期提前8天，化肥用量减少50%，农药投入减少300元，每667m^2产量提高27.8%，纯收入增加4 335元。

表4-3　秸秆生物反应堆技术在西瓜上的应用效果

处理	定植期（月/日）	成熟期（月/日）	化肥用量（kg/667m^2）	农药投入（元）	产量（kg/667m^2）	纯收入（元/667m^2）
秸秆反应堆	2/25	5/23	200	200	5 175	9 470
对照	2/25	6/1	400	500	4 050	5 135

第四节　设施蔬菜应用秸秆生物反应堆技术规程

一、秸秆生物反应堆技术规程

（摘自山东省地方标准《秸秆生物反应堆技术规程》DB37/T 1557—2010）

1　范围

本标准规定了秸秆生物反应堆技术应用的术语和定义、环境条件、应用技术和生产管理措施等。

本标准主要适用于秸秆生物反应堆技术在山东省设施园艺作物上的应用。

2　规范性引用文件

下列文件中的条款通过本标准的引用而成为本标准的条款。

凡是注日期的引用文件，其随后所有的修改单（不包括勘误的内容）或修订版均不适用于本标准。然而，鼓励根据本标准达成协议的各方研究是否可使用这些文件的最新版本。

GB 4285 农药安全使用标准

GB/T 8321—2007（所有部分）农药合理使用准则

GB/T 15063—2009 复混肥料（复合肥料）安全使用标准

NY/T 5010—2016 无公害食品　蔬菜产地环境条件

NY 5013—2006 无公害食品　林果类产地环境条件

3　术语和定义

下列术语和定义适用于本标准。

3.1　秸秆生物反应堆技术

在一定的设施条件下，通过特定微生物的作用，将作物秸秆转化成植物生长需要的二氧化碳、热量、有机和无机营养等，从而实现培肥地力、促进作物生长、提高产量和改善品质，并达到优质农产品生产水平的设施栽培应用技术。

4　环境条件

秸秆生物反应堆技术在设施蔬菜上应用，产地环境条件应符合 NY 5010 的要求；在果品上应用，产地环境条件应符合 NY 5013 的要求。

5　应用技术

5.1　应用方式

应用方式主要有内置式反应堆、外置式反应堆两种方式。其中，内置式反应堆又分为行下内置式、行间内置式和树下内置式。主要依据生产条件、种植品种、定植时间选用。

5.2　菌种和植物疫苗的处理

菌种和植物疫苗在使用之前要进行处理。

5.2.1　菌种处理

菌种使用当天，将菌种进行处理。在阴凉处，采用菌种：麦麸：水按 1：20：18 比例，先将菌种和麦麸混匀后加水掺匀。然后饼肥：水按 1：1.5 比例，将 50~150kg 饼肥（蓖麻饼、豆饼、花生饼、棉籽饼、菜籽饼等）加水拌匀，最后将菌种、饼肥再掺和在一起拌匀，堆积 2h 后使用。如菌种当天使用不完，应将其摊放于室内或阴凉处散热降温，厚度 8~10cm，第 2 天继续使用。寒冷天气要注意防冻。

5.2.2　植物疫苗处理

植物疫苗使用前 5~7 天，在阴凉处，将植物疫苗：麦麸：水按 1：20：18 比例，先将植物疫苗和麦麸混匀后加水掺匀。然后按饼肥：草粉：水为 1：2：1.5 比例，将 50kg 饼肥和 100kg 草粉加水掺匀。再与用麦麸拌好的植物疫苗混匀，堆放 8~10h 后，摊成 8cm 厚，转化 5~7 天后备用。料堆温度不能高于 50℃。要注意防冻、防蝇。

5.3　内置式秸秆生物反应堆

5.3.1　行下内置式反应堆

行下内置式反应堆，适用于瓜菜作物。一般在定植或播种前 10~15 天操作，早春拱棚作物可提前 30 天建好待用。抢茬种植的反应堆也可现建现用。

5.3.1.1　开沟

蔬菜采用大小行种植，一堆双行。大行（操作行）宽 90~110cm，小行宽 60~80cm。在小行（种植行）位置进行开沟，沟宽 70~80cm，沟深 20~25cm。开沟长度与行长相等，开挖的土等量分放两边。

5.3.1.2　铺秸秆

开完沟后，向沟内铺放干秸秆（玉米秸、麦秸、棉柴、稻草等），每 667m^2 用干秸秆 4 000~5 000kg。底部铺放整秸秆（如玉米秸、棉柴等），上部放碎软秸秆（如麦秸、稻草等）。铺完踏实后，厚度 25~30cm，沟两头露出 10cm 秸秆茬。

5.3.1.3　撒菌种

每 667m² 菌种用量 8~10kg。将处理好的 3/4 菌种，均匀撒在秸秆上，并用铁锹轻拍一遍，使菌种与秸秆均匀接触，然后将剩余的 1/4 菌种均匀撒在秸秆上。新棚要先撒 100~150kg 饼肥于秸秆上，再撒菌种。如用牛、马、羊、兔粪便的，先把菌种的 2/3 撒在秸秆上，铺施一层粪便，再将剩下的 1/3 菌种撒上。

5.3.1.4　覆土

将沟两边的土回填于秸秆上成垄，秸秆上土层厚度 20cm，然后将土搂平。

5.3.1.5　浇水、撒疫苗

在大行内浇大水，水面高度达到垄高的 3/4，水量以充分湿透秸秆为宜。隔 3~5 天后，将处理好的植物疫苗撒施到垄上与 10cm 土掺匀、搂平。撒植物疫苗要选择在早上、傍晚或阴天时，要随撒随盖，每 667m² 用植物疫苗 3~5kg。

5.3.1.6　打孔

在垄上，按行距 20~25cm，孔距 20cm，孔径 1.5cm，孔深 45~50cm 打 3 行孔。孔打好后等待定植。

5.3.2　行间内置式反应堆

在高温季节生长的作物，以及作物定植前无秸秆的区域，宜采用行间内置式反应堆。行间内置式反应堆，一般在定植或播种后至开花结果前进行操作。

5.3.2.1　开沟

一般离开苗株 10cm，在大行内开沟起土，开沟深 15~18cm，宽 60~70cm，长度与行长相等，开挖的土隔行放置。

5.3.2.2　铺秸秆

每 667m² 铺放秸秆 2 500~3 000kg，厚度为 20~25cm，两头露出秸秆 10cm，踏实找平。

5.3.2.3　撒菌种

每 $667m^2$ 菌种用量 5~6kg，均匀撒一层菌种，用铁锹拍振一遍，使菌种与秸秆均匀接触。

5.3.2.4　覆土

将所取出的土回填于秸秆上，厚度 10cm，并将土搂平。

5.3.2.5　浇水

在大行间浇水湿润秸秆。以后在小行间进行浇水洇湿秸秆。

5.3.2.6　打孔

浇水 4 天后，离开植株 10cm，按行距 20cm，孔距 20cm，孔径 1.5cm，孔深 45~50cm 打 2 行孔。

5.3.3　树下内置式反应堆

适用于果树。

5.3.3.1　开沟

从树干向外清挖树盘，深度由内到外 10~20cm，使大部分毛细根露出或有破伤，注意不要伤及果树大根。

5.3.3.2　撒接疫苗

每 $667m^2$ 植物疫苗用量 2~4kg。在树盘内按行距 30cm，穴距 25cm 刨穴，穴深 5cm，每穴撒一把处理好的植物疫苗。然后，再在树盘上均匀撒一层植物疫苗。

5.3.3.3　铺秸秆、撒菌种

每 $667m^2$ 铺放秸秆 4 000~5 000kg，厚度 30cm 左右，将处理好的菌种 8~10kg 均匀撒在秸秆上，用铁锹轻拍一遍，然后将土回填于秸秆上，厚度 10cm。

5.3.3.4　浇水、打孔

做好反应堆 2~3 天后浇足水，湿透秸秆，晾晒 3~4 天后覆膜，按行距 30cm，孔距 20cm，孔径 1.5cm，孔深 45~50cm 打 3 行孔。以后下雨孔被堵死后要再打孔，使孔保持通畅状态。

5.4　外置式反应堆

5.4.1　建池

一般越冬和早春茬作物，建在大棚进口的山墙内侧处，距山墙60~80cm，自北向南挖一条上口宽120cm，下口宽100cm，长6~7m，深80cm的沟作为储气池，将所挖出的土分别均匀放在沟的四周，摊成外高里低的坡形，要使沟底的中间低于两端。再从南北沟的中间位置向棚内开挖一个宽80cm，深90cm，长100cm的出气道，出气道末端建造一个下口内径为50cm，上口内径为40cm，高出地面20cm的圆形交换机底座，沟壁、气道和上沿用单砖砌垒，水泥抹面，沟底用沙子水泥打底，厚度6~8cm。

南北端各竖一根长150cm，内径10cm的塑料管回气道，然后在沟上南北向每隔50cm东西排放一根20cm宽，10cm厚的水泥杆，在水泥杆上南北纵向拉两根铁丝固定。

5.4.2　铺秸秆、撒菌种

水泥硬化后，铺放秸秆、撒接菌种，每放50cm厚秸秆撒接一层菌种，连续铺放3层，用3cm粗的水管淋水浇湿秸秆，最后用农膜覆盖保湿。第一次秸秆用量1 500kg左右、菌种3kg、饼肥20kg。

5.4.3　安装交换机

安装交换机和输气袋。交换机功率150W，输气袋直径45cm。靠近交换机的一侧膜要盖严，交换机底座要密封。

5.4.4　使用与管理

5.4.4.1　用气

加料淋水当天，要开交换机2h，以后每天开机时间，苗期3~4h，开花期5~6h，结果期7h。每日上午9时开机，下午盖草帘前半小时停机。

5.4.4.2　用液

加料淋水后第2天，及时将沟中的水抽出，浇淋于反应堆的秸秆上。以后将浸出液及时取出，浸出液：水按 1：(2~3) 的比例，喷施叶片和植株，也可结合每次浇水冲施。

5.4.4.3　用渣

收集清理出的渣子，加 1kg 菌种堆积，使其继续腐烂成细粉状物，与苗床土掺匀育苗、与植物疫苗拌匀接种。

5.4.4.4　补水

每隔 10~15 天，向反应堆补 1 次水，使秸秆保持湿润。

2.4.4.5　补气

反应堆每运行 30 天后揭膜，每平方米打 5~6 个直径 10cm 的通气孔。

5.4.4.6　补料

一般反应堆使用 50~60 天，秸秆消耗会在 60%以上，要及时补充秸秆和菌种。每次加料前要打孔通气。越冬茬作物全生育期加料 3 次，秋延迟或早春茬作物加料 2~3 次。每次用秸秆 500~750kg，菌种 1~2kg，饼肥 10kg。

6　生产管理措施

6.1　前期准备

清除前茬作物的残枝烂叶及病虫残体。对第 1 次使用秸秆生物反应堆的设施、土壤，于 6 月中旬至 7 月下旬进行一次消毒。

6.2　定植方法

蔬菜先在建好的反应堆土层开沟、定植苗、浇缓苗水、打孔。每棵苗浇 0.5kg 水，温度高时隔 3 天再浇 1 次。过 10 天苗缓过来后盖地膜，并及时在膜上棵与棵、行与行之间打孔。

6.3　定植密度

设施蔬菜定植株距要适当缩小，行距放大，密度比常规降低 10%~15%。

6.4　定植后管理

6.4.1　肥料管理

新建大棚，结合整地每 667m² 施氮、磷、钾（15-15-15）硫酸钾型复合肥 50kg；种植 1~2 年以上的大棚，结合整地每 667m² 施氮、磷、钾（15-15-15）硫酸钾型复合肥 30kg。种植 3 年以上的大棚，底肥不使用化肥。定植至坐瓜果前，不冲肥。用 0.3%磷酸二氢钾加 0.2%尿素溶液，进行叶面喷肥 2~4 次。结瓜果期可以每隔 30 天喷施 1 次，可结合喷药使用。可根据地力情况，每次每 667m² 适当冲施氮、磷、钾（15-15-15）硫酸钾型复合肥 10kg 左右。一般第 1 年应用该技术的冲肥 4 次，第 2 年冲肥 3 次，第 3 年冲肥 2 次。

6.4.2　浇水

6.4.2.1　浇水量

浇水不宜多，总原则是用常规法种植的浇 3 次水，用该技术的只浇一次水，具体判断为：将植株周围地膜掀起，在 2cm 表层土下抓一把土，用手攥，如果不能攥成团，就应该浇水。

6.4.2.2　浇水方法

在种植行膜下浇水，浇水后 2 天要及时打孔。浇水后中午时，将风口适当放大除湿。在管理行内浇水的，浇后要撒一层干碎秸秆吸潮除湿。早春大拱棚作物和果树采取 10~15m 一段浇水。有条件的宜采用微滴灌技术膜下灌水。

6.4.2.3　浇水时间

冬春季浇水要看天、看地、看苗情。注意不能早上浇，不能晚上浇，不能阴天浇，不能降雨期浇。一定要选好天气。

6.4.3　病虫害防治

6.4.3.1　防治原则

在病虫害防治上，要注重农业、物理、生物、化学措施相结合，进行综合防治，预防为主。

6.4.3.2　农业防治

针对当地主要病虫控制对象，选用高抗多抗的品种。培育适龄壮苗，提高抗逆性。及时清洁田园。实行稻菜等轮作换茬。

6.4.3.3 物理防治

日光温室通风口处加防虫网。田间悬挂黄色粘虫板诱杀蚜虫等害虫，黄板规格25cm×40cm，每667m^2 悬挂30~40片。铺银灰色地膜或张挂银灰膜膜条避蚜。

6.4.3.4 生物防治

优先采用浏阳霉素、农抗120、印楝素、农用链霉素、新植霉素等生物农药防治病虫害。饲养、释放天敌，补充和恢复天敌种群，充分利用寄生性、捕食性天敌昆虫及病原微生物进行生物防治。

6.4.3.5 化学防治

严格执行GB 4285、GB/T 8321—2007的规定。宜采用叶面喷药，预防为主，严禁用农药灌根。适当减少用药次数和用药数量。

二、秸秆生物反应堆技术　第5部分　设施黄瓜生产技术规程

（摘自山东省地方标准《秸秆生物反应堆技术　第5部分　设施黄瓜生产技术规程》DB37/T 2498.5—2014）

1　范围

本标准规定了设施黄瓜应用秸秆生物反应堆技术的产地环境、生产技术、病虫害防治、采收、生产档案。

本标准适用于山东省日光温室黄瓜应用秸秆生物反应堆技术的生产。

2　规范性引用文件

下列文件对于本文件的应用是必不可少的。凡是注日期的引用文件，仅所注日期的版本适用于本文件。凡是不注日期的引用文件，其最新版本（包括所有的修改单）适用于本文件。

GB 4285 农药安全使用标准

GB/T 8321—2007（所有部分）农药合理使用准则

NY/T 496—2010 肥料合理使用准则

NY/T 5010—2016 无公害食品　蔬菜产地环境条件

DB37/T 332 黄瓜有害生物安全控制技术规程

DB37/T 391—2004 山东Ⅰ、Ⅱ、Ⅲ、Ⅳ、Ⅴ型日光温室（冬暖大棚）建造技术规范

DB37/T 1557 秸秆生物反应堆技术规程

3　产地环境

应符合 NY/T 5010—2016 的规定，宜选择地下水位低、排灌方便、耕层深厚、富含有机质、保水保肥能力强的地块。

4　生产技术

4.1　设施

日光温室建造应符合 DB37/T 391—2004 的要求。

4.2　栽培季节

10 月前后定植，11 月下旬开始收获。

4.3　品种

选用抗病、抗逆性强、耐低温弱光、优质、高产、商品性好、适合市场需求的品种。

4.4　育苗

4.4.1　育苗设施

选择塑料拱棚、日光温室或连栋温室为育苗设施，采用集约化穴盘育苗。

4.4.2　种子处理

4.4.2.1　药剂浸种

将种子用 55℃ 的温水浸种 20min，并不断搅拌，水温降至 30℃停止搅拌，继续浸种 4~6h，捞出洗净。

4.4.2.2　温汤浸种

用50%多菌灵可湿性粉剂500倍液浸种1h，捞出洗净。

4.4.2.3　催芽

将浸种处理后的种子置于28~30℃保温保湿环境催芽。包衣种子直接播种。黑籽南瓜种子投入到70~80℃的热水中，来回倾倒，使水温降至30℃时，搓洗掉种皮上的黏液，再于30℃温水中浸泡10~12h，捞出沥净水分，在25~30℃下催芽，经1~2天可出芽。

4.4.3　播种

4.4.3.1　播种量

根据种子大小及定植密度，每667m^{2}栽培面积育苗用种量100~150g。

4.4.3.2　播种方法

催芽的种子70%以上露白时即可播种。越冬茬黄瓜播种期为9月中旬至10月上旬，砧木的播期插接法比黄瓜早播4~5天。穴盘育苗一般选用黄瓜专用商品基质，播前把基质装入穴盘，抹平即可。

4.4.4　嫁接方法

嫁接在育苗设施内进行。嫁接前将竹签、刀片和手等用70%的酒精消毒后方可嫁接，一般采用插接法。一盘苗嫁接完毕立即将苗盘整齐排列在苗床中，盖好地膜保湿。

4.4.5　嫁接后的管理

4.4.5.1　湿度

嫁接后前3天，苗床空气相对湿度应保持在90%~95%。3天后视苗情，开始由小到大、时间由短到长，逐渐增加通风换气时间和换气量。7~10天后，嫁接苗不再萎蔫可去掉薄膜，转入正常管理，温室空气相对湿度控制在50%~60%。

4.4.5.2　温度

嫁接苗伤口愈合的适宜温度是22~28℃，前6~7天嫁接苗

床白天应保持25~28℃，夜间18~20℃。7天后伤口愈合，嫁接苗转入正常管理，白天温度22~28℃，夜间16~18℃。白天高于30℃要降温，夜间低于13℃要加温。

4.4.5.3　光照

在温室膜上覆盖黑色遮阳网。前2~3天，晴天可全日遮光，以后先逐渐增加早、晚见光时间，后缩短午间遮光时间，直至完全不遮阳。嫁接后若遇阴雨天，光照弱，可不遮光。

4.4.5.4　肥水

嫁接苗不再萎蔫后，转入正常肥水管理。视天气状况，5~7天浇一遍肥水，可选用宝利丰、磷酸二氢钾等优质肥料，浓度以5%~10%为宜。

4.4.5.5　其他管理

及时剔除砧木长出的不定芽，保证接穗的健康生长，去侧芽时勿损伤子叶及接穗。嫁接苗定植前3~5天，降低温度、减少水分、增加光照时间和强度，进行炼苗。

4.5　整地施肥

深耕耙细，结合整地，每667m^{2}施入腐熟优质农家肥5~6m^3、硫酸钾型三元复合肥（15-15-15）50~70kg。新建的温室，每667m^{2}增施优质腐熟农家肥5m^3、氮磷钾三元复合肥（15-15-15）75kg。连续应用该技术3年的温室，每667m^{2}只施优质腐熟农家肥5m^3，不施化肥。肥料使用符合NY/T 496—2010的规定。

4.6　秸秆生物反应堆建设

4.6.1　内置式

4.6.1.1　菌种处理

菌种应在使用当天按以下方法进行处理。

a）在阴凉处，按菌种：麦麸：水=1：20：18的比例，将菌种和麦麸混匀后再加水掺匀。

b）按饼肥：水=1：1.5 的比例，将 50~150kg 饼肥（蓖麻饼、豆饼、花生饼、棉籽饼、菜籽饼等）加水拌匀。

c）将混好的菌种和饼肥混合拌匀，堆积 2h 后使用。

d）如菌种当天使用不完，应将其摊放于室内或阴凉处散热降温，厚度 8~10cm，第 2 天继续使用。寒冷天气要注意防冻。每 667m^2 用菌种 8~10kg。

4.6.1.2 植物疫苗处理

a）植物疫苗使用前 7~10 天，在阴凉处，按植物疫苗：麦麸：水=1：20：18 的比例，将植物疫苗和麦麸混匀后再加水掺匀。

b）按饼肥：草粉：水=1：2：1.5 的比例，将 50kg 饼肥和 100kg 草粉加水掺匀。

c）将混好的植物疫苗和饼肥混合拌匀，堆放 8~10h 后，在室内摊开，厚 8cm，转化 7~10 天后备用。

d）料堆温度不能高于 50℃。注意防冻、防蝇。每 667m^2 用植物疫苗 3~5kg。

4.6.1.3 开沟

采用大小行种植，大行（操作行）宽 90~100cm，小行（种植行）宽 60~70cm。一般在定植前 10~20 天，在小行上进行开沟。沟宽 70~80cm，沟深 20~25cm，沟长与行长相等，开挖的土等量分放沟两边。

4.6.1.4 铺秸秆

开完沟后，在沟内铺干秸秆（玉米秸、麦秸、棉柴、稻草等），每 667m^2 用秸秆 4 000~5 000kg。底部铺整秸秆（如玉米秸、棉柴等），上部铺碎软秸秆（如麦秸、稻草等）。铺完踏实，厚度以 25~30cm 为宜，沟两头露出 10cm 秸秆茬。

4.6.1.5 撒菌种

将处理好的菌种，均匀撒在秸秆上，用铁锨轻拍一遍，使菌

种与秸秆均匀接触。新建温室每 667m^2 先撒 100~150kg 饼肥于秸秆上，再撒菌种。

4.6.1.6　覆土

将开沟挖出的土回填成垄，垄高 25~30cm，秸秆上土层厚度以 20cm 为宜。

4.6.1.7　浇水、撒疫苗

在大行内浇大水，水面高度达到垄高的 3/4，水量以充分湿透秸秆为宜。3~5 天后，选择早上、傍晚或阴天，将处理好的植物疫苗撒施到垄上，随撒随与垄土掺匀、搂平，以防太阳紫外线杀死。

4.6.1.8　打孔通气

在垄上，按行距 20~25cm，孔距 30cm，孔径 1.5cm，孔深 45~50cm，打 3 行孔，以便氧气进入秸秆层。

4.6.1.9　定植

孔打好 7~10 天后进行定植为宜。采用大小行定植，大行 90cm，小行 60cm。选择晴天上午定植。先在垄上开沟，按 25~30cm 的株距放苗，浇小水渗下后封沟。温室黄瓜栽培每 667m^2 的适宜密度为 2 500~3 000株。定植 8~10 天后，在大垄及小垄沟内灌次小水。有条件的最好采用微滴灌技术灌水。栽植后，在株与株间和行与行间打孔。缓苗后，覆盖地膜，再次打孔。

4.6.2　外置式反应堆的建造应用

温室能通上电，应用外置式反应堆，通过 CO_2 交换机和微孔输送带，把产生的 CO_2 直接送到温室内，增产效果明显。一般在黄瓜定植后 20~30 天，建造并应用外置反应堆，具体建造技术见 DB37/T 1557。

注：反应堆分内置式和外置式 2 种形式，可单独使用，两种形式结合应用的效果最好。

4.7 定植后管理

4.7.1 冬前和冬季管理

4.7.1.1 温、湿度

a) 定植后缓苗前不宜放风，保持白天室温28~30℃，夜间17~20℃。若遇晴暖天气，中午可用草苫适当遮阳。

b) 缓苗后至结瓜前，以锻炼植株为主，控制浇水，以促根控秧。白天室温25~28℃，夜间15~17℃，中午前后不要超过30℃。此期间要加强放风散湿，夜间可在温室顶留放风口。

c) 进入结瓜期，室温须按变温管理，上午8时至下午1时，室内气温控制在26~30℃，超过28℃放风；下午1时至5时，25~20℃；17时至24时，20~17℃；0时至早晨8时，15~12℃。

d) 深冬季节（即12月下旬至翌年2月中旬）晴天时可控制较高温度，实行高温养瓜，室内气温达30℃以上时可放风。深冬季节外界温度低，可在晴天中午前后短时放风，以散湿换气。

e) 11月下旬至3月上旬，在大行间铺放碎秸秆3~4次，吸潮保温。每次铺放碎秸秆500~750kg，撒1~2kg菌种。菌种处理方法同4.6.1.1。

4.7.1.2 不透明覆盖物

一般晴天时，阳光照到采光屋面时及时揭开草苫。下午室温降至18℃时盖苫。深冬季节，草苫可适当晚揭早盖。雨雪天，室内气温如不下降，就应揭开草苫。大雪天，可在清扫积雪后，于中午短时揭开或随揭随盖。连续阴天时，可于午前揭苫，午后早盖。久阴乍晴时，要陆续间隔揭开草苫，不能猛然全部揭开，以免叶面灼伤。揭苫后若植株叶片发生萎蔫，应再盖苫。待植株恢复正常，再间隔揭苫。

4.7.1.3 肥水

定植至坐瓜前，不追肥。可结合喷药，用0.3%磷酸二氢钾

加0.2%尿素溶液进行叶面喷肥1~2次。当植株有8~10片叶、第一瓜10cm时，每667m^{2}随水冲施氮磷钾三元复合肥（18-8-18）30~35kg。冬季期间，每25~30天追肥1次，每667m^{2}施氮磷钾三元复合肥（18-8-18）15~20kg，施肥后浇水。水分管理上，除结合追肥浇水外，从定植到深冬季节，以控为主，如植株表现缺水现象，可在膜下浇小水，下午提前盖苫，次日及以后几天加强通风。

4.7.1.4　光照

采用功能性无滴棚膜覆盖，注意合理密植和植株调整，经常清扫薄膜上的碎草和尘土。还可张挂反光幕等设施增加光照。

4.7.1.5　植株调整

7~8节以下不留瓜，促植株生长健壮。用尼龙绳或塑料绳吊蔓，“S”形绑蔓，使龙头离地面始终保持在1.5~1.7m。随绑蔓将卷须、雄花及下部的侧枝去掉。深冬季节，对瓜码密、易坐瓜的品种，适当疏掉部分幼瓜或雌花。

4.7.2　春季管理

4.7.2.1　温度

2月下旬后，黄瓜进入结瓜盛期，要重视放风，调节室内温湿度，一般白天温度控制在28~30℃，夜间14~18℃，温度过高时可通腰风和前后窗放风。当夜间室外最低温度达15℃以上时，不再盖草苫，可昼夜放风。

4.7.2.2　水肥

2月下旬后，结合浇水每25~30天左右冲施1次化肥，以尿素和氮磷钾三元复合肥（18-8-18）为主，每次每667m^{2}用尿素15~20kg或氮磷钾三元复合肥（18-8-18）20~30kg；每20天用0.3%磷酸二氢钾加0.2%尿素溶液进行叶面喷肥，以壮秧防早衰。

4.7.2.3　摘心、打底叶

当植株茎蔓爬至架顶时，要及时摘心，促使发生侧蔓，侧蔓见瓜后留2~3叶摘心。以主蔓结瓜为主的品种，茎部侧蔓要及时摘除。每株应留功能叶片数为12~15片。结瓜后期要及时摘除病叶、老叶、畸形瓜，改善通风透光条件，并适时落蔓。

5　病虫害防治

5.1　防治原则

按照“预防为主，综合防治”的植保方针，以农业防治、物理防治、生物防治为主，化学防治为辅，执行DB37/T 332的操作要求。

5.2　主要病虫害

霜霉病、细菌性角斑病、白粉病、枯萎病、灰霉病、蔓枯病、根结线虫、蚜虫、白粉虱、斑潜蝇等。

5.3　农业防治

5.3.1　选用优良品种

选用抗病性、适应性强的优良品种。

5.3.2　采取健身栽培

实行3年以上的轮作，勤除杂草，收获后及时清洁田园。培育壮苗，合理浇水，增施充分腐熟的有机肥，提高植株抗性。

5.4　物理防治

5.4.1　黄板诱杀

棚内悬挂黄色粘虫板诱杀蚜虫等害虫。黄色粘虫板规格25cm×40cm，每667m^{2}悬挂30~40片。

5.4.2　银灰膜驱避蚜虫

铺银灰色地膜或张挂银灰膜膜条避蚜。

5.4.3　高温闷棚

根结线虫病等土传病害发生重的温室，可在6月下旬至7月下旬，每667m^{2}均匀撒施石灰氮（氰氨化钙）50~100kg，4~6cm长的碎麦秸600~1 300kg。翻地或旋耕深度20cm以上。起

垄，垄高30cm，宽40～60cm，垄间距离40～50cm，覆盖地膜，用土封严。膜下垄沟灌水至垄肩部。维持20天。可有效防治根结线虫病及其他土传病害。

5.4.4　设施防护

夏季育苗和栽培应采用防虫网和遮阳网进行遮阴、防虫栽培，减轻病虫害的发生。采用地膜覆盖，及时排涝，防止田间积水。

5.5　生物防治

可用1%农抗武夷菌素150～200倍液，或用普力威500～800倍液喷雾防治霜霉病、白粉病、灰霉病；可用3%克菌康可湿性粉剂1 000倍液喷雾防治炭疽病；可用72%农用链霉素可溶性粉剂4 000倍液或新植霉素4 000倍液喷雾防治叶枯病等细菌性病害；可用0.9%～1.8%阿维菌素乳油1 000～2 000倍液喷雾防治叶螨、斑潜蝇。

5.6　化学防治

应用秸秆生物反应堆栽培技术，可增加有益微生物菌群数量，减少有害微生物致病，优化土壤生态环境，增强黄瓜的抗病性能。一般第一年应用该技术，防治病害化学农药用量可减少40%以上；第二年应用该技术防治病害化学农药用量可减少60%以上；第三年应用该技术防治病害化学农药用量可减少80%以上。

化学防治应符合GB 4285和GB/T 8321—2007的规定，严禁使用剧毒、高毒、高残留农药和国家规定在无公害食品蔬菜生产上禁止使用的农药。农药使用应交替进行，并严格按照农药安全间隔期用药。具体防治病虫害方法按照DB37/T 332的规定操作。

6　采收

适时早采根瓜，防止坠秧。及时分批采收，减轻植株负担，促进后期果实膨大。一般雌花开放后6~10天，即可采收。采收时用剪刀剪断瓜柄，轻拿轻放，按个头、瓜形、颜色等分类包装。

7 生产档案

对日光温室黄瓜生产过程，应建立田间技术档案和田间生产资料使用记录、生产管理记录、收获记录、产品检测记录及其他相关质量追溯记录，并保存3年以上，以备查阅。

三、秸秆生物反应堆技术 第6部分 设施茄子生产技术规程

（摘自山东省地方标准《秸秆生物反应堆技术 第6部分 设施茄子生产技术规程》DB37/T 2498.6—2014）

1 范围

本标准规定了设施茄子应用秸秆生物反应堆技术的产地环境、生产技术、病虫害防治、采收、生产档案。

本标准适用于山东各地日光温室茄子应用秸秆生物反应堆技术的生产。

2 规范性引用文件

下列文件对于本文件的应用是必不可少的。凡是注日期的引用文件，仅所注日期的版本适用于本文件。凡是不注日期的引用文件，其最新版本（包括所有的修改单）适用于本文件。

GB 4285 农药安全使用标准

GB/T 8321—2007（所有部分）农药合理使用准则

NY/T 496—2010 肥料合理使用准则

NY/T 5010—2016 无公害食品 蔬菜产地环境条件

DB37/T 329 茄子有害生物安全控制技术规程

DB37/T 391—2004 山东Ⅰ、Ⅱ、Ⅲ、Ⅳ、Ⅴ型日光温室（冬暖大棚）建造技术规范

DB37/T 1557 秸秆生物反应堆技术规程

3　产地环境

应符合 NY/T 5010—2016 的规定，选择地下水位低，排灌方便，交通便利，土层深厚、疏松、肥沃的地块。

4　生产技术

4.1　设施

日光温室建造应符合 DB37/T 391—2004 的要求。

4.2　栽培季节

9 月上旬播种育苗，10 月中旬定植，12 月上旬开始收获。

4.3　品种

选用抗病、耐寒、耐弱光、品质好、产量高，弱光下果实着色好，有光泽，商品性好的品种。砧木选用托鲁巴姆、赤茄等。

4.4　育苗

4.4.1　种子处理

4.4.1.1　浸种

在容器内，用 55℃ 的热水浸泡种子，种子投入热水后不断搅拌，待水温降至 30℃ 时，静置浸泡 7~8h。用清水搓洗净种子上的黏液，从水中捞出种子摊开晾干。

4.4.1.2　催芽

将晾干的种子用洁净的湿布包好，于 27~30℃ 下催芽。催芽期间，可用 30℃ 左右的温水淘洗种子 1~2 次，稍晾后继续催芽。

4.4.2　育苗设施

一般选用日光温室、连栋温室进行集约化穴盘育苗。

4.4.3　基质选用

选用茄子专用商品基质。

4.4.4　播种

待 70%左右种子露白时播种在穴盘内，穴盘摆放在苗床架上。

4.4.5 嫁接

一般采用劈接法进行嫁接。

4.4.6 苗床管理

播种后，白天气温保持25~30℃，夜间20~25℃。5~7天后大部分幼苗出土后，逐步放风降温，白天气温25~28℃，夜间18~20℃。当真叶出现后，温度再适当提高，白天保持气温25~30℃，夜间20~23℃。

4.4.7 炼苗

为保证秧苗根系发达，生长健壮，提高抗逆性，定植前7~10天，适当降低温度炼苗，白天25℃左右，夜间15~20℃。

4.5 整地施肥

定植前15~20天进行整地施肥。每667m^{2}施腐熟的优质圈肥5~7m^3，混施过磷酸钙100kg，撒施氮磷钾三元复合肥（15-15-15）40~50kg。施肥后深翻旋耕25cm，整平、耙细。新建的温室，每667m^{2}增施优质腐熟农家肥5m^3、氮磷钾三元复合肥（15-15-15）75kg。连续应用该技术3年的温室，每667m^{2}只施优质腐熟农家肥5m^3，不施或少施化肥。肥料使用应符合NY/T 496—2010的要求。

4.6 秸秆生物反应堆建设

4.6.1 内置式

4.6.1.1 菌种处理

菌种应在使用当天按以下方法进行处理。

a）在阴凉处，按菌种：麦麸：水=1：20：18的比例，将菌种和麦麸混匀后再加水掺匀。

b）按饼肥：水=1：1.5的比例，将50~150kg饼肥（蓖麻饼、豆饼、花生饼、棉籽饼、菜籽饼等）加水拌匀。

c）将混好的菌种和饼肥混合拌匀，堆积2h后使用。

d）如菌种当天使用不完，应将其摊放于室内或阴凉处散热降温，厚度 8~10cm，第 2 天继续使用。寒冷天气要注意防冻。每 667m^2 用菌种 8~10kg。

4.6.1.2　植物疫苗处理

a）植物疫苗使用前 7~10 天，在阴凉处，按植物疫苗：麦麸：水 = 1：20：18 的比例，将植物疫苗和麦麸混匀后再加水掺匀。

b）按饼肥：草粉：水 = 1：2：1.5 的比例，将 50kg 饼肥和 100kg 草粉加水掺匀。

c）将混好的植物疫苗和饼肥混合拌匀，堆放 8~10h 后，在室内摊开，厚 8cm，转化 7~10 天后备用。

d）料堆温度不能高于 50℃。注意防冻、防蝇。每 667m^2 用植物疫苗 3~5kg。

4.6.1.3　开沟

采用大小行种植，大行（操作行）宽 90~110cm，小行（种植行）宽 60~70cm。一般在定植前 10~20 天，在小行上进行开沟。沟宽 70~80cm，沟深 20~25cm，沟长与行长相等，开挖的土等量分放沟两边。

4.6.1.4　铺秸秆

开完沟后，在沟内铺干秸秆（玉米秸、麦秸、棉柴、稻草等），每 667m^2 用秸秆 4 000~5 000kg。底部铺整秸秆（如玉米秸、棉柴等），上部铺碎软秸秆（如麦秸、稻草等）。铺完踏实，厚度以 25~30cm 为宜，沟两头露出 10cm 秸秆茬。

4.6.1.5　撒菌种

将处理好的菌种，均匀撒在秸秆上，用铁锨轻拍一遍，使菌种与秸秆均匀接触。新建温室每 667m^2 先撒 100~150kg 饼肥于秸秆上，再撒菌种。

4.6.1.6　覆土

将开沟挖出的土回填成垄，垄高 25~30cm，秸秆上土层厚度以 20cm 为宜。

4.6.1.7　浇水、撒疫苗

在大行内浇大水，水面高度达到垄高的 3/4，水量以充分湿透秸秆为宜。3~5 天后，选择早上、傍晚或阴天，将处理好的植物疫苗撒施到垄上，随撒随与垄土掺匀、搂平，以防被太阳紫外线杀死。

4.6.1.8　打孔通气

在垄上，按行距 20~25cm，孔距 30cm，孔径 1.5cm，孔深 45~50cm，打 3 行孔，以便氧气进入秸秆层。

4.6.1.9　定植

孔打好 7~10 天后进行定植为宜。定植株距 45~50cm，可在小畦内挖穴，放苗坨，每 667m^2 栽植 2 000株左右，封穴后浇小水。栽植后，在株与株间和行与行间打孔。缓苗后，覆盖地膜，再次打孔。

4.6.2　外置式反应堆的建造应用

温室能通上电，应用外置式反应堆，通过 CO_2 交换机和微孔输送带，把产生的 CO_2 直接送到温室内，增产效果明显。一般在茄子定植后 20~30 天，建造并应用外置反应堆，具体建造技术见 DB37/T 1557。

注：反应堆分内置式和外置式 2 种形式，可单独使用，两种形式结合应用的效果最好。

4.7　定植后管理

4.7.1　冬前及越冬期间管理

4.7.1.1　温湿度管理

定植后缓苗期间，一般不放风。白天室温 25~35℃，夜间 18~23℃，地温不低于 25℃，以促进缓苗。缓苗后适当降低室温，白天 25~30℃，夜间 20℃左右。

整个越冬期间，要注意保持较高的室温，白天 25~30℃ 的室

温力求保持5h以上；若午间室温达到32℃，可进行放风，下午室温降至25℃时，及时关闭放风口。夜间加强保温，严寒天气，适当增加覆盖物，夜温保持20～15℃，最低夜温不低于12℃。11月下旬到3月上旬，在大行间铺放碎秸秆3~4次，吸潮保温。每次铺放碎秸秆500～750kg，撒1～2kg菌种。菌种处理方法同4.6.1.1。

4.7.1.2　覆盖物管理

上午揭草苫的适宜时间，以揭开草苫后室内气温无明显下降为准。晴天时，阳光照到采光屋面时及时揭开草苫。注意清洁薄膜，保持较高的透光率。下午室温降至20℃左右时盖草苫。深冬季节，草苫可适当晚揭早盖。一般雨雪天，室内气温只要不下降，就应揭开草苫。大雪天，可在清扫积雪后，于中午短时揭开或随揭随盖。连续阴天时，可于午前揭苫，午后早盖。久阴乍晴时，要陆续间隔揭开草苫，不能猛然全部揭开，以免叶面被灼伤。揭苫后若植株叶片发生萎蔫，应迅速再盖苫。待植株恢复正常，再间隔揭苫。

4.7.1.3　肥水管理

定植缓苗后，控水壮苗，防止植株生长过旺，并将门茄花以下的侧芽抹去。门茄似核桃大小时，随浇水，每667m^{2}冲施磷酸二铵40kg。越冬期间，植株表现缺水时，可选好天气于膜下灌水，每667m^{2}随水冲施尿素20kg。浇水后要及时打孔。

4.7.1.4　整枝

采用单干或双干整枝，多余侧枝及时抹去。

4.7.2　越冬后管理

4.7.2.1　温、光管理

2月下旬以后，随日照时数增加，适当早揭晚盖草苫，增加植株见光时间。注意清洁薄膜，增加光照。根据天气和室内温度变化，通过放风口的打开和关闭，控制好室内温度。白天，上午室温28~32℃，下午27~22℃，上半夜22~17℃，下半夜17~15℃。阴雨天，白天室温27~22℃，夜间17~13℃。

4.7.2.2　肥水管理

2月中旬至3月中旬，每25~30天浇水1次，每次随水冲施腐熟的豆饼水，每次667m^{2}用豆饼50~60kg；间隔冲施速效氮肥一次，每次667m^{2}用尿素15kg。3月中旬以后，每15~20天浇1水，隔一水每667m^{2}施磷酸二铵15~20kg。

4.7.2.3　整枝、去老叶

根据室内植株叶量情况，按照单干或双干整枝的要求，及时将多余的侧枝、多余花果摘除。及时摘除植株基部老叶、黄叶，以改善通风透光条件。植株若有倒伏现象，可采用吊秧措施。

5　病虫害防治

5.1　防治原则

按照“预防为主，综合防治”的植保方针，以农业防治、物理防治、生物防治为主，化学防治为辅，执行DB37/T 329的操作要求。

5.2　主要病虫害

猝倒病、立枯病、灰霉病、绵疫病、褐纹病、黄萎病、蚜虫、粉虱、蓟马、斑潜蝇、茶黄螨。

5.3　农业防治

5.3.1　选用优良品种

选用抗病性、适应性强的优良品种。

5.3.2　采取健身栽培

实行3年以上的轮作，勤除杂草，收获后及时清洁田园。培育壮苗，合理浇水，增施充分腐熟的有机肥，提高植株抗性。

5.4　物理防治

在田间悬挂黄色粘虫板诱杀粉虱、蚜虫、斑潜蝇等害虫，25cm×40cm的黄板每667m^{2}放30~40块，悬挂高度与植株顶部

持平或高出5~10cm。

5.5　生物防治

灰霉病、炭疽病可用1%武夷菌素水剂150~200倍液喷雾；灰霉病可用普力威水剂500~800倍液喷雾；细菌性青枯病可用72%农用链霉素可溶性粉剂3 000~4 000倍液喷雾；蚜虫、白粉虱、斑潜蝇、叶螨可用1.8%阿维菌素乳油1 500~2 000倍液，或用1.1%烟楝百部碱乳油800~1 000倍液喷雾；棉铃虫、菜青虫可用Bt（200IU/mg）乳油500倍液喷雾；根结线虫可用1.8%阿维菌素乳油1 000倍液，于定植缓苗后，每株250ml灌根。

5.6　化学防治

应用秸秆生物反应堆栽培技术，可增加有益微生物菌群数量，减少有害微生物致病，优化土壤生态环境，增强茄子的抗病性能。一般第一年应用该技术，防治病害化学农药用量可减少40%以上；第二年应用该技术防治病害化学农药用量可减少60%以上；第三年应用该技术防治病害化学农药用量可减少80%以上。

化学防治应符合GB 4285和GB/T 8321—2007的规定，严禁使用剧毒、高毒、高残留农药和国家规定在无公害食品蔬菜生产上禁止使用的农药。采用DB 37/T 484—2010的技术措施进行病虫害防治，农药使用应交替进行，并严格按照农药安全间隔期用药。

6　采收

当萼片与果实相连处的白色环状带（俗称茄眼）不明显时，即可采收。一般从开花到采收需18~22天，门茄、对茄适当早收。

7　生产档案

建立日光温室茄子秸秆生物反应堆生产档案，详细记录田间生产资料使用、生产管理、收获、产品检测等情况，并保存3年以上，以备查阅。

四、秸秆生物反应堆技术　第2部分　设施甜瓜生产技术规程

（摘自山东省地方标准《秸秆生物反应堆技术　第2部分　设施甜瓜生产技术规程》DB37/T 2498.2—2014）

1　范围

本标准规定了设施甜瓜应用秸秆生物反应堆技术的产地环境、生产技术、病虫害防治、采收及生产档案等。

本标准适用于山东省日光温室厚皮甜瓜应用秸秆生物反应堆技术的生产。

2　规范性引用文件

下列文件对于本文件的应用是必不可少的。凡是注日期的引用文件，仅注日期的版本适用于本文件。凡是不注日期的引用文件，其最新版本（包括所有的修改单）适用于本文件。

GB 4285 农药安全使用标准

GB/T 8321—2007（所有部分）农药合理使用准则

NY/T 496—2010 肥料合理使用准则

NY/T 5010—2016 无公害食品　蔬菜产地环境条件

DB37/T 391—2004 山东Ⅰ、Ⅱ、Ⅲ、Ⅳ、Ⅴ型日光温室（冬暖大棚）建造技术规范

DB37/T 1557 秸秆生物反应堆技术规程

3　产地环境

符合NY/T5010—2016的规定，宜选择排灌方便，运输方便，土层深厚、疏松、肥沃的地块建造的日光温室。

4　生产技术

4.1　设施

日光温室建造应符合DB37/T 391—2004的要求。

4.2　栽培季节

12 月上旬至 1 月中、下旬播种育苗，1 月中旬至 2 月下旬定植，4 月上旬至 4 月下旬开始采摘。

4.3　品种

选择成熟早、品质优、耐低温、耐弱光、高产、抗病，适合市场需求的品种。用于嫁接的砧木应选用亲和力强，不影响生长发育和品质的材料，如瓠瓜、南瓜和专用的砧木甜瓜。

4.4　育苗

4.4.1　育苗设施

在日光温室中，建电热温床进行育苗。

4.4.2　育苗基质

大田土和腐熟的农家肥按 6∶4 配制，拍细、过筛。每立方米营养土中加氮磷钾三元复合肥（15-15-15）2kg，50%的多菌灵可湿性粉剂 80g，混匀备用。可应用商品育苗基质。

4.4.3　种子处理

4.4.3.1　温汤浸种

采用温汤浸种。将种子放入盛 55~60℃温水的容器中，搅拌使水温降至 30℃左右，浸种 3h 将种子取出。

4.4.3.2　药剂处理

将上述浸毕的种子，用 0.1%的高锰酸钾溶液消毒 20min，或用 50%多菌灵 500~600 倍液浸种 15min，预防真菌性病害；或用 10%磷酸三钠溶液浸种 15~20min，预防病毒病。洗净药液后催芽。

4.4.3.3　催芽

用湿布包好，置于 28~30℃ 条件下，70%的种子出芽后播种。

4.4.4　播种

播种前 4~5 天在苗床上排好营养钵，浇透水，然后覆盖地膜，在上面加盖小拱棚，并提前加温。当地温稳定在15℃以上时播种。每个营养钵或营养土块上播一粒种子，覆细土厚度1~1.5cm。或采用72孔以下的穴盘育苗。对包衣的种子不必进行种子处理，直接播种育苗。

4.4.5　苗床管理

播种后盖地膜保温，苗床小拱棚盖薄膜，出苗后撤掉地膜。出苗前保持较高温度，白天苗床气温保持28~32℃，夜间17~20℃，盖严小拱棚和地膜。出苗后适当降温，白天床温降到22~25℃，夜间15~17℃。第一片真叶展开至第三片真叶显露，需较高温度，白天25~32℃，夜间17~20℃。定植前7天，降低温度进行蹲苗、炼苗，白天20~25℃，夜间10~15℃。苗期地温保持20~25℃。出苗后小拱棚可夜间覆盖、白天撤掉，并于床面撒干土或草木灰以控制苗床湿度。

4.4.6　嫁接

4.4.6.1　嫁接方法

一般采用插接法，最适嫁接苗龄是砧木2片子叶1片真叶，甜瓜2片子叶展平为最佳。取砧木苗，用刀片削去生长点，用竹签从一个子叶着生的基部向另一个子叶下呈45°斜插，孔洞长1cm。取甜瓜苗，在子叶下1~1.5cm处向下斜削成双面的楔形，楔面长0.7~1.0cm。拔起竹签将甜瓜苗的楔形插入孔中，使接穗与砧木紧密吻合。

4.4.6.2　嫁接后的管理

主要以遮阳、避光、加湿、保温为主。前3天实行密闭管理，小拱棚内相对湿度达到95%以上，昼温25~28℃，夜温18~20℃。3天后早晚适当通风，两侧见光，中午喷雾1~2次，保持较高的湿度。1周后只在中午遮光，10天后恢复正常管理，及时除去砧木萌芽。

4.4.7　壮苗标准

苗龄35天左右，3叶1心，株高12～15cm。子叶完好，茎粗壮，叶色浓绿，无病虫危害和机械损伤。

4.5 整地施肥

定植前10～20天，日光温室内浇水造墒，深翻耙细整平，结合整地每667m^{2}施用腐熟的农家肥4～5m^3、腐熟鸡粪2 000kg、过磷酸钙50kg。新建的温室，每667m^{2}增施优质腐熟农家肥5m^3、氮磷钾三元复合肥（15-15-15）75kg。连续应用该技术3年的温室，每667m^{2}只施优质腐熟农家肥5m^3，不施或少施化肥。肥料使用符合NY/T 496的规定。

4.6 秸秆生物反应堆建设

4.6.1 内置式

4.6.1.1 菌种处理

菌种应在使用当天按以下方法进行处理。

a）在阴凉处，按菌种：麦麸：水=1：20：18的比例，将菌种和麦麸混匀后再加水掺匀。

b）按饼肥：水=1：1.5的比例，将50～150kg饼肥（蓖麻饼、豆饼、花生饼、棉籽饼、菜籽饼等）加水拌匀。

c）将混好的菌种和饼肥混合拌匀，堆积2h后使用。

d）如菌种当天使用不完，应将其摊放于室内或阴凉处散热降温，厚度8～10cm，第2天继续使用。寒冷天气要注意防冻。每667m^{2}用菌种8～10kg。

4.6.1.2 植物疫苗处理

a）植物疫苗使用前7～10天，在阴凉处，按植物疫苗：麦麸：水=1：20：18的比例，将植物疫苗和麦麸混匀后再加水掺匀。

b）按饼肥：草粉：水=1：2：1.5的比例，将50kg饼肥和100kg草粉加水掺匀。

c）将混好的植物疫苗和饼肥混合拌匀，堆放8～10h后，在室内摊开，厚 8cm，转化 7~10 天后备用。

d）料堆温度不能高于 50℃。注意防冻、防蝇。每 667m^2 用植物疫苗 3~5kg。

4.6.1.3 开沟

采用大小行种植，大行（操作行）宽 90~100cm，小行（种植行）宽 60~70cm。一般在定植前 10~20 天，在小行上进行开沟。沟宽 70~80cm，沟深 20~25cm，沟长与行长相等，开挖的土等量分放沟两边。

4.6.1.4 铺秸秆

开完沟后，在沟内铺干秸秆（玉米秸、麦秸、棉柴、稻草等），每 667m^2 用秸秆 4 000~5 000kg。底部铺整秸秆（如玉米秸、棉柴等），上部铺碎软秸秆（如麦秸、稻草等）。铺完踏实，厚度以 25~30cm 为宜，沟两头露出 10cm 秸秆茬。

4.6.1.5 撒菌种

将处理好的菌种，均匀撒在秸秆上，用铁锨轻拍一遍，使菌种与秸秆均匀接触。新建温室每 667m^2 先撒 100~150kg 饼肥于秸秆上，再撒菌种。

4.6.1.6 覆土

将开沟挖出的土回填成垄，垄高 25~30cm，秸秆上土层厚度以 20cm 为宜。

4.6.1.7 浇水、撒疫苗

在大行内浇大水，水面高度达到垄高的 3/4，水量以充分湿透秸秆为宜。3~5 天后，选择早上、傍晚或阴天，将处理好的植物疫苗撒施到垄上，随撒随与垄土掺匀、搂平，以防太阳紫外线杀死。

4.6.1.8 打孔通气

在垄上，按行距 20~25cm，孔距 30cm，孔径 1.5cm，孔深 45~50cm，打 3 行孔，以便氧气进入秸秆层。孔打好 7~10 天后

进行定植为宜。

4.6.1.9　定植

温室内 10cm 地温稳定在 15℃以上时定植。定植宜在晴天上午进行。在垄上开沟，按 40~50cm 的株距栽苗，然后浇小水，待水渗下后封沟。土坨（或基质）上覆土 1~2cm。大果型品种每 $667m^2$ 栽植 1 800株，小果型品种每 $667m^2$ 栽植 2 200株左右。定植后整平垄面，覆盖地膜再在行与行间、株与株间打孔，并盖严棚膜，以利于提高温室内气温和地温。

4.6.2　外置式

温室能通上电，应用外置式反应堆，通过 CO_2 交换机和微孔输送带，把产生的 CO_2 直接送到温室内，增产效果明显。一般在黄瓜定植后 20~30 天，建造并应用外置反应堆，具体建造技术见 DB37/T 1557。

注：反应堆分内置式和外置式 2 种形式，可单独使用，两种形式结合应用效果最好。

4.7　定植后管理

4.7.1　温湿度调控

定植后维持白天室内气温 30℃左右，夜间 17~20℃，以利于缓苗。开花坐瓜前，白天室温 25~28℃，夜间 15~18℃，室温超过 30℃时要进行放风。坐瓜后，白天室温要求 28~32℃，不超过 35℃，夜间 15~18℃，保持 13℃以上的昼夜温差，同时要光照充足，以利于果实的膨大和糖分的积累。

11 月下旬至 3 月上旬，在大行间铺放碎秸秆 3~4 次，吸潮保温。每次铺放碎秸秆 500~750kg，撒 1~2kg 菌种。菌种处理方法同 4.6.1.1。

4.7.2　整枝、吊蔓

日光温室厚皮甜瓜栽培应严格进行整枝，实行吊蔓栽培。中晚熟品种幼苗长至 4~5 片真叶时，进行摘心，选留 1 条健壮的子蔓生长，其余侧蔓要抹去。早中熟品种不必摘心。瓜蔓可用尼龙绳或麻绳牵引，将茎蔓缠在绳上，并及时除掉其余的侧蔓。厚皮甜瓜栽培多数品种采用单蔓整枝，小果型品种也可采用双蔓整枝。

4.7.3 人工授粉

厚皮甜瓜在生产上有单层留瓜和双层留瓜等不同留瓜方式。单层留瓜是在茎蔓的第 12 节至 15 节留瓜；双层留瓜在茎蔓的第 12 至 15 节及第 22 至 25 节各留一瓜。在预留节位的雌花开放时，于上午 9—11 时取当日开放的雄花，去掉花瓣，将雄花的花粉轻轻涂抹在雌蕊的柱头上，每朵花可连续授 3~4 朵。

4.7.4 定瓜

当幼果长到直径 3cm×4cm 大小时，要选留瓜（即定瓜）。一般小果型品种每株双蔓上各留 1 个瓜，而大果型品种，每株只留 1 个瓜。留瓜的原则一是幼瓜果形周正，无畸形，符合品种的特征；二是生长发育速度快，瓜大小相近时，留后授粉的瓜；三是节位适中。

4.7.5 吊瓜

在幼瓜长到 250g 左右时，应及时吊瓜。将细麻绳用活结系到瓜柄靠近果实的部位，绳挂在上面铁丝上，将瓜吊到与坐瓜节位相平的位置上。

4.7.6 肥水管理

4.7.6.1 总体要求

每次浇水后第 2 天要及时打孔。生长期内，可叶面喷施 4~5 次 0.3%磷酸二氢钾等。连续应用该技术 3 年及以上的温室，膨瓜期每 667m^2 追施 25kg 硫酸钾型复合肥，其他时间不追肥。

4.7.6.2 定植后至伸蔓前

瓜苗需水量少，应控制浇水，水分过多会影响地温的升高和幼苗生长。若室温偏高，缓苗水浇得不足，植株表现缺水时，可选晴天上午于膜下灌水，并注意提高室温。

4.7.6.3　伸蔓期

每 667m^2 施尿素 15kg、磷酸二铵 10kg、硫酸钾 5kg，施肥后随即浇水。

4.7.6.4　雌花开花至坐果期

预留节位的雌花开花至坐果期间要控制浇水，防止植株徒长而影响坐瓜。

4.7.6.5　膨瓜期

定瓜后，进入膨瓜期，每 667m^2 可追施硫酸钾 10kg、磷酸二铵 20~30kg，随水冲施。采收前 10~15 天不再浇水。双层留瓜时，在上层瓜膨大期再追施第三次肥料，每 667m^2 施入硫酸钾 15~20kg、磷酸二铵 15~20kg。除施用速效化肥外，也可在膨瓜期每 667m^2 随水冲施腐熟的鸡粪 300kg，或用腐熟的豆饼 100kg。

5　病虫害防治

5.1　防治原则

坚持“预防为主，综合防治”的植保方针，坚持“以农业防治、物理防治、生物防治为主，化学防治为辅”的原则。

5.2　主要病虫害

主要病虫害有猝倒病、霜霉病、白粉病、灰霉病、疫病、枯萎病、蚜虫、斑潜蝇、白粉虱等。

5.3　农业防治

选用抗病品种或嫁接苗。实行 5 年以上的轮作，收获后及时清洁田园。培育壮苗，合理肥水管理，增施充分腐熟的有机肥，提高植株抗性。

5.4　物理防治

5.4.1　银灰膜驱蚜

行间覆盖或在支架上悬挂条状银灰色膜，驱避蚜虫、白粉虱等。

5.4.2　防虫网阻虫

棚室通风口用40目的防虫网密封可有效地阻止蚜虫、白粉虱。

5.4.3　黄板诱杀

每667m^2挂黄板30~40块，诱杀蚜虫、白粉虱、潜叶蝇等。

5.4.4　高温闷棚

在霜霉病发病初期，可进行高温闷棚。选择晴天，密闭薄膜，使室内温度上升到40~43℃（以瓜秧顶端为准），维持1h，处理后及时缓慢降温。处理前土壤要求潮湿，必要时可在前2天灌1次水。处理后，结合进行药剂防治。

5.5　生物防治

霜霉病、白粉病、灰霉病可用1%农抗武夷菌素150~200倍液喷雾。防治白粉虱、蚜虫、斑潜蝇可用6%百部·楝·烟乳油800~1 000倍液喷雾，或用1%苦参碱水剂600倍液，或用1.2%烟参碱液500~800倍液。

5.6　化学防治

应用秸秆生物反应堆栽培技术，可增加有益微生物菌群数量，减少有害微生物致病，优化土壤生态环境，增强甜瓜的抗病性能。一般第一年应用该技术，防治病害化学农药用量可减少40%以上；第二年应用该技术防治病害化学农药用量可减少60%以上；第三年应用该技术防治病害化学农药用量可减少80%以上。

化学防治应符合GB 4285和GB/T 8321—2007的规定，严禁使用剧毒、高毒、高残留农药和国家规定在无公害食品蔬菜生产上禁止使用的农药。使用农药应交替进行，并严格按照农药安全间隔期用药。

6　采收

厚皮甜瓜的采收，可根据授粉日期和品种熟性，以及果皮网

纹的有无、香气和皮色变化等来判断采收适期，不宜采生瓜上市。对果实成熟时蒂部易脱落的品种以及成熟后果肉易变软的品种，须适当早采收。采收宜在清晨进行，采后存放在阴凉场所。

7　生产档案

对日光温室甜瓜应用秸秆生物反应堆的生产过程，要建立田间技术档案和田间生产资料使用记录、生产管理记录、收获记录、产品检测记录及其他相关质量追溯记录，并保存3年以上，以备查阅。

第五章　土壤消毒与微生物活化修复技术

随着蔬菜的连年栽培，缺少轮作，造成土壤中真菌（如镰刀菌、疫霉菌、轮枝菌等）、细菌（如青枯菌、欧氏杆菌）、根结线虫、地下害虫（如蛴螬、金针虫）等病虫害发生越来越严重。作物的产量和品质受到严重影响，一般减产 20%～40%，严重的减产 60%以上甚至绝收。

土壤消毒处理修复技术是一种高效、快速、彻底杀灭设施土壤中土传病原物（如真菌、细菌、线虫、病毒等）、一年生杂草及种子、地下害虫、啮齿动物等有害生物，同时一并消除设施土壤中有害污染物的技术，能很好地解决设施蔬菜的重茬问题，并显著提高作物的产量和品质。是确保农业生态环境无污染及农产品无残留和质量安全的措施之一。

第一节　物理消毒

物理消毒技术包括太阳能消毒、蒸汽消毒、火焰喷射消毒等。这类技术是利用高温来杀死土壤中的有害生物和杂草。试验表明，在湿热的情况下，65℃保持 30min，将杀灭所有的植物病菌、昆虫和杂草。

杀死有害生物的温度和时间如图 5-1。

（1）真菌。真菌对热是相当敏感的，丝核菌可以被 52℃、30min 的热水根除，灰霉病菌可在 55℃、30min 杀死，核盘菌在

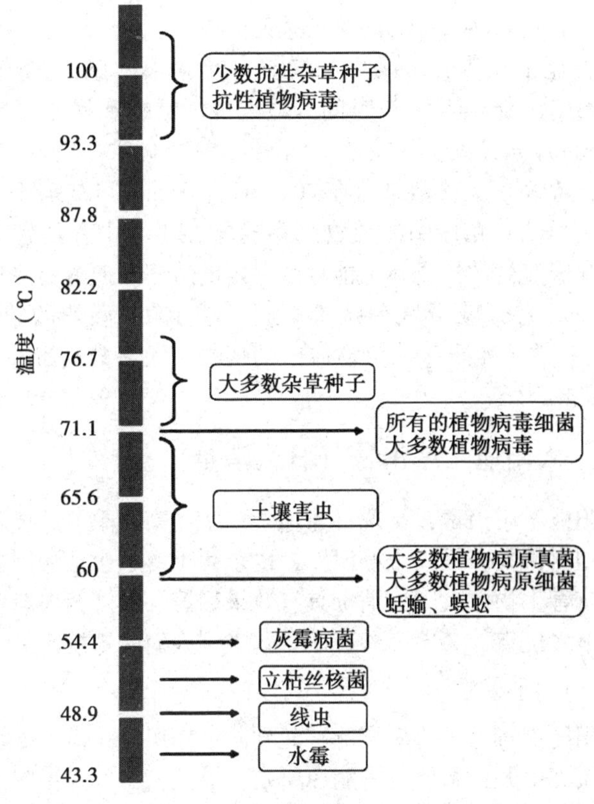

图 5-1　杀死有害生物的温度

50℃、5min 死亡。大多数真菌在不高于 60℃、30min 即死亡。

（2）细菌。大多数植物病原细菌在 60℃、10min 可被杀死。因为植物病原细菌不像动物病原细菌那样能形成抗热的孢子，所以几乎所有细菌能在 71℃时被杀死。

（3）线虫。线虫对热十分敏感。根结线虫在 48℃、10min 能被杀死，在活的植物体中也易被杀死，最具抗性的 Foliar 线虫在 49℃、15min 也能被杀死，茎线虫在 53℃、11min 能被杀死，抗性的孢囊在 48℃、15min 可被杀死。

（4）昆虫和螨类。昆虫和螨类对热均很敏感，在产卵期，在 60~71℃不能生存太长时间。地老虎、蛞蝓和蜈蚣等动物在 60℃、30min 被杀死。

（5）杂草。大多数杂草在 70~80℃、15min 可被杀死。

（6）病毒。苗床中的植物病毒通常在土壤中存活较短，但是在一些未腐烂的植物体上能存活一定的时间。通过清除病残体等方法，可充分减少这种病毒。通常在 100℃湿热的情况下，15min 可有效杀死残存在植物体中的病毒，大多数病毒在 71℃、30min 可被杀死。

一、太阳能土壤消毒（日光消毒）

太阳能土壤消毒，又称日光消毒，是在高温季节通过较长时间覆盖塑料薄膜来提高土壤温度，以杀死土壤中包括病原菌在内的许多有害生物。太阳能消毒具有效果显著、经济简单、对环境友好等诸多优点，其研究和应用日益受到人们的重视。

（一）消毒季节的选择

太阳能消毒对土传病害能够起到防治作用，是由于处理的土壤温度剧烈上升，杀死土中病原所致。显然，温度是影响太阳能消毒效果的直接因素。

太阳能消毒一般选在 7—9 月的高温晴好天气，通过覆盖薄膜，地温升高到达 50℃以上。温室、大棚内，进行密闭闷棚时气温也可高达 50℃以上，地温则更高。在一年中最热的季节，处理 6~8 周对大多数土壤病虫均有防治效果。在较低温度时，需经 3 个月时间，才能达到一定的消毒效果。

（二）消毒的具体操作方法

首先耕翻疏松土壤，清除土壤中的大石块或大土块，把土壤

耙平。为提高消毒效果，结合耕翻土壤，在耕层中掺入有机肥料或绿肥，这样进行高温消毒的效果更好。

二是保持土壤湿润。土传病害在湿热的土壤中比在干燥的土壤中更易于消灭。如是干燥土壤，覆盖薄膜前必须灌溉水分至潮湿。也可铺设滴灌或其他灌水设施，使薄膜下的土壤保持充足水分。采用滴灌系统的，浇水可以在盖膜以后进行。

三是铺地膜。采用人工或机械铺设地膜。地膜覆盖在栽培垄上，并且在垄间将接缝处埋于土中。在地膜漏洞处用小块薄膜补盖。一般使用 60~90cm 宽的薄膜，薄膜边缘必须埋深至地面以下 13~15cm。在温室大棚内，也可不用铺地膜，土壤耕翻灌溉后直接进行高温闷棚。

（三）太阳能消毒的优势

太阳能消毒可减少农药使用，促进土壤中有机质的分解转化，从而提高土壤肥力水平。此法对环境安全有益，且对病虫防治具有广谱性。土壤太阳能消毒由于消灭了土壤中一些病害，提高了土壤中植物必需营养元素的有效性，促进了作物产量的提高。

二、蒸汽消毒

（一）蒸汽消毒的方法

根据蒸汽管道输送方式，蒸汽消毒可分为如下几种。

1. 地表覆膜蒸汽消毒法（汤姆斯法）

该法在地表覆盖帆布或抗热塑料膜，在开口处放入蒸汽管，当通入蒸汽时，帆布呈气球状。该法优点是使用方便，无须埋设地下管道，但效率低（通常低于 30%）。

2. Hoddeson 管道法

在地下埋一个直径 40mm 的网状管道，通常埋于地下 40cm

处，在管道上，每 10cm 有一个直径 3mm 的孔，该法效率较高，通常为 25%~80%。

3. 负压蒸汽消毒法

在地下埋设多孔的聚丙烯管道，用风扇产生负压将空气抽出，将地表的蒸汽吸入地下。该法在深土层中温度比“地表覆膜蒸汽消毒法”更高，在 35cm 土层中的平均温度达到 85~100℃，而“地表覆膜蒸汽消毒法”在该深度的平均温度是 26℃。该法是当今蒸汽消毒技术的最先进的方法。

4. 冷蒸汽消毒法

虽然负压蒸汽消毒法有较多的优点，但一些研究人员认为，85~100℃的蒸汽通常杀死有益土壤微生物如菌根，并产生对作物生长有害的物质。因此，一些学者提出冷蒸汽消毒法，即在蒸汽与空气混合，使之冷却到需要的温度，较为理想的是 70℃、30min，即达到杀死病原物而保护有益生物的目的。

5. 蒸汽注射法

近年来，一种新的蒸汽消毒机械在意大利发展并商业化应用。该机械具有一系列蒸汽注射管，用一块不锈钢包裹，能保证让蒸汽均匀注射到土壤中。为了让机械能消毒覆盖所有地方，该蒸汽机采用激光制导行进。

（二）蒸汽消毒法的优势

蒸汽消毒与化学熏蒸剂消毒相比具有下列优势。

一是消毒速度快。通常蒸汽消毒后，土壤会很快变凉，适宜种植，而化学熏蒸剂处理后需要等待一段时间后才能种植。这对于提高土地利用率，减少休闲时间有着积极的意义。

二是更均匀有效。蒸汽消毒法渗透更均匀、有效，可以杀灭所有的病原体和杂草种子等。

三是无残留药害。采用 70℃处理含肥料的土壤，不会产生毒化作用，而化学处理法如果散气时间太短时，残留物可能导致

作物的药害。

四是对人、畜安全。蒸汽消毒不会危害附近的居民和家畜，可以在居民区附近安全使用。

土壤蒸汽消毒法是一种可行的甲基溴替代技术，在欧洲和美洲等地广泛应用，特别是在一些温室和小范围的苗床中使用更具优势。

三、火焰消毒

火焰消毒是在土壤整地旋耕的过程中利用燃烧液化气的办法，把深度 30cm 以内的土壤加热，达到让根结线虫死亡的温度，彻底杀死根结线虫与其他病原微生物。在以色列已有广泛的应用。在多年摸索的基础上，中国开发了更为先进和实用的火焰消毒技术，对防治地下害虫和根结线虫具有良好的效果，并对土壤板结和土壤改良表现出良好的前景。

（一）火焰消毒的流程

火焰消毒的流程如下。

1. 精细深耕

先用深耕机深旋土壤 35~40cm，使土壤颗粒直径小于 2cm，土块过大不利于杀灭虫卵。深耕的同时打破了原来的犁底层，消除了土壤板结，增加了土壤的透水性和透气性。

2. 火焰高温消毒

采用火焰高温消毒机进行消毒杀虫，灭菌杀虫机经取土板、飞轮对 30~40cm 深层土壤进行散扬烘烧进入烘箱，下落出土板时再进行火焰烘烧，使土壤经过火焰喷烧。土壤的过火温度超过 1 000℃，但是过火时间短，对土壤中的有机质以及土壤养分没有任何影响，土壤落地温度一般为 50~70℃（夏季大棚、温室内），对土壤中根结线虫的杀虫效果达 95%以上。同时对土壤中的病原真菌和细菌以及杂草种子具有明显的杀灭作用。

3. 结合高温闷棚

菜农使用的常规高温闷棚仅对 10cm 左右土壤深度的根结线虫和病菌有效果，10cm 以下土层的温度较难达到让根结线虫和病菌死亡的温度，但是经过火焰高温消毒后，30cm 以上的土层温度都达到了根结线虫和其他病原微生物的致死温度，同时再配合太阳能高温闷棚，可以使土壤保持较长时间的高温，效果更明显。

4. 配合微生物防控

现在菜农使用的设施中一般都有立柱，在进行火焰消毒时，立柱周边很难做到彻底消毒，所以在使用火焰消毒及高温闷棚后，为了让消毒效果更持久、更有保障，应结合微生物防控技术进行。作物定植后再冲施或滴灌有针对性的蜡质芽孢杆菌、淡紫拟青霉、枯草芽孢杆菌、多黏芽孢杆菌、巨大芽孢杆菌等防控土传病害，起到以菌抑菌的作用，防控效果可达 10 个月以上。

（二）火焰消毒技术的优点

火焰消毒是进行绿色蔬菜生产和保护环境的有效措施。其一次操作具有多效功能。技术优点表现为：一是灭菌灭虫，方法简单，消毒彻底；二是精细深耕，深度到 30~40cm，能疏松土壤，打破犁底层，增加了土壤的透水性和透气性；三是无污染，无残留，绿色环保，不会对蔬菜造成危害；四是灵活机动，不误农时，操作完待土壤温度下降后即可定植蔬菜，一年四季均可使用，且设施和露地皆可使用。

因此，火焰消毒是一项值得推广的绿色环保高效的土壤消毒技术。

第二节　化学熏蒸消毒

一、棉隆消毒

棉隆是一种高效、低毒、无残留的环保型广谱性综合土壤熏蒸消毒剂。施用于潮湿的土壤中时，会产生一种异硫氰酸甲酯气体，迅速扩散至土壤颗粒间，有效地杀灭土壤中各种线虫、病原菌、害虫及杂草种子。

目前，棉隆消毒在经济价值较高的蔬菜作物（如设施蔬菜、生姜等）应用较为普遍，表现出显著的效果。根据作者在山东省昌乐大棚西瓜上的试验表明，棉隆对根结线虫杀灭彻底，防效可达100%，且处理后的植株生长势增强，根系发达，茎粗，蔓较长（表5-1）。

表5-1　棉隆土壤消毒对西瓜线虫发生及生育的影响

处理	蔓长（cm）	蔓粗（cm）	根系长（cm）	单果重（kg）	根结数（个）
棉隆消毒	2.65	0.95	52.5	6.32	0
对照（CK）	2.00	0.60	39.5	5.70	52

（一）棉隆的特性

棉隆（dazomet），又名必速灭、二甲噻二嗪。化学名称：3，5-二甲基-3，4，5，6-四氢化-2H-1，3，5-硫二氮苯-2-硫酮，分子式为$C_5H_{10}N_2S_2$。

1. 理化性质

纯品为无色晶状固体，熔点为104～105℃，蒸汽压为0.37MPa（20℃），溶解性（20℃）：水中3g/kg，丙酮中

173g/kg，苯中 51g/kg，氯仿中 391g/kg，环已烷中 400g/kg，乙醇中 15g/kg；棉隆中等稳定，但对水及 35℃以上温度敏感。

2. 毒性

按我国农药毒性分级标准，棉隆属低毒杀菌、杀线虫剂。原药对雌、雄性大鼠急性经口 LD_{50} 分别为 710mg/kg 和 550mg/kg，对雌、雄性兔皮肤无刺激作用。对眼睛黏膜有轻微的刺激作用。在试验剂量内，对动物无致畸、致癌作用。

3. 应用范围及作用特点

棉隆是一种广谱性的土壤熏蒸剂，在潮湿土壤中通过产生异硫氰酸甲酯气体（图 5-2），对土壤中的镰刀菌、腐霉菌、丝核菌、轮枝菌和刺盘孢菌等，以及短体线虫、肾形线虫、矮化线虫、剑线虫、垫刃线虫、根结线虫和孢囊线虫等有杀灭效果，对萌发的杂草和地下害虫也有很好的防治效果。

（二）施药技术

1. 施药量

棉隆的用药量受土壤质地、土壤温度和湿度等的影响，施药后均应当立即混土，然后覆盖塑料薄膜。

98%棉隆微粒剂的用药量根据种植作物不同、病虫害发生的严重程度不同可适当增减药量（表 5-2）。

表 5-2 98%棉隆微粒剂用药量

登记作物	防治对象	用药量（kg/hm^2）	施用方法
番茄（保护地）	线虫	300~450	土壤处理
草莓	线虫	300~400	土壤处理
花卉	线虫	300~400	土壤处理

2. 使用时间

播种或定植前至少一个月的空闲时间内进行处理。

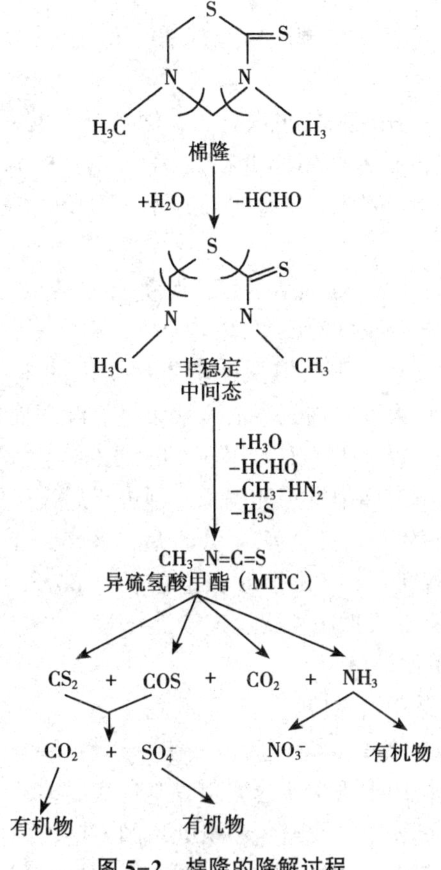

图 5-2　棉隆的降解过程

3. 操作步骤

（1）保持土壤湿度。土壤湿度若达不到 60%~70%，需要提前灌地造墒。

（2）整地。精细翻耕土壤，用旋耕机旋耕 30~40cm，把土打碎，保持土壤的通透性。旋耕前可将所有的有机肥施于土壤中。

（3）撒药。将 98%棉隆微粒剂 30~40kg/667m² 均匀撒施在土壤中。

（4）混土。用旋耕机再次打匀，深度至少 30cm，混土 2 遍。

（5）密封覆膜。选用厚度在 0.04mm（4 丝）以上的薄膜，采用反埋法开沟压膜，全田覆盖，不留死角。密封消毒 25~30 天。

（6）揭膜透气。处理结束后，揭膜透气 7~10 天，用旋耕犁翻耕土壤，释放余下的有毒气体。

（7）发芽试验。随机取熏蒸消毒地块内的土样，土样装半玻璃瓶，然后在玻璃瓶内放置沾有油菜籽的湿润棉花团，立即密封玻璃瓶口，放置于 15~25℃室内 48h，取未经熏蒸消毒的土样作为对照，如没有抑制发芽的现象，则进行后续步骤。

（8）土壤活化。安全发芽试验后，每 667m² 施用宝地生（复合微生物菌剂）1~2kg。或在定植后每 667m² 用量 1kg，直接冲施，每 7~10 天冲施 1 次，连续 2~3 次。

4. 注意事项

棉隆土壤熏蒸消毒应注意以下问题。

一是棉隆土壤熏蒸消毒后，处于“生物真空”状态，病虫害很易在熏蒸过的土壤中快速繁殖，避免病虫害的再引入至关重要。农事操作过程中，要避免将未处理的土壤、前作的病残体带入熏蒸过的土壤中。在处理后的土壤中使用机械和工具之前，要清洗机械和工具上黏附的未处理土壤。

二是要避免在降雨量过大、低温（低于 10℃）或高温（高于 30℃）等极端气候条件下施药。

三是避免药剂接触眼睛，不慎接触眼睛时应立即用清水冲洗，用过的器具应彻底清洗。

四是对鱼类有毒，在鱼塘附近使用要慎重。

五是对已成长的植物有毒，使用时要尽量远离植物。

二、威百亩消毒

威百亩（metham sodium），又名维巴姆、线克、斯美地、保丰收。化学名称：N－甲基二硫代氨基甲酸钠，分子式为 $C_2H_4NNaS_2 \cdot 2H_2O$，是一种具有杀线虫、杀菌、杀虫和除草活性的土壤熏蒸剂。

（一）威百亩的特性

1. 理化性质

本品的二水化合物为无色晶体，其溶解性（20℃）为：水中722g/l，在乙醇中有一定的溶解度，在其他有机溶剂中几乎不溶，浓溶液稳定，但稀释后不稳定，土壤、酸和重金属盐促进其分解。与酸接触释放出有毒气体，水溶液对铜、锌等金属有腐蚀性。

2. 毒性

大鼠急性经口 LD_{50}：雄性1 800mg/kg，雌性1 700mg/kg；兔急性经皮 LD_{50} 为130mg/kg。对皮肤有轻微刺激，刺激眼睛、皮肤和器官，与其接触按烧伤处理。对蜜蜂无毒。对水生生物极毒，可能对水生环境有长期不良的影响。

3. 剂型

主要剂型有35%威百亩水剂、42%威百亩水剂。

4. 应用范围及作用特点

威百亩为具有熏蒸作用的土壤杀菌剂、杀线虫剂，兼具除草和杀虫作用。对黄瓜根结线虫、花生根结线虫、棉花黄萎病、苹果紫纹羽病、十字花科蔬菜根肿病等均有效，对马唐、看麦娘、马齿苋、豚草、狗牙根、石茅和莎草等杂草也有很好的防治效果。

（二）施药技术

1. 施药量

防治对象不同，使用剂量有很大的差别。一般使用有效剂量为 35ml/m^2，约合 35% 威百亩水剂 100ml/m^2。防治根结线虫，用量需进一步提高（表 5-3）。

表 5-3　威百亩登记施药量

登记作物	防治作物	用药量（35%水剂）（kg/hm^2）
番茄	根结线虫	400~800
黄瓜	根结线虫	400~800
烟草（苗床）	猝倒病	500~750
烟草（苗床）	一年生杂草	500~750

2. 土壤条件

土壤质地、湿度和酸碱度（pH 值）对威百亩的释放有影响。在处理前，应确保土壤无大土块。土壤湿度必须是 50%~75%，表土 5.0~7.5cm 处土温为 5~32℃。

3. 施药时间

播种或定植前 15~20 天，上午 4—10 时、下午 4—8 时施药。避开中午高温时施药。

4. 施药方法

（1）苗床使用方法

①整地。施药前先将土壤耕松，整平，并保持潮湿。

②施药。按制剂用药量加水稀释 50~75 倍（视土壤湿度情况而定），均匀喷到苗床表面并让药液润透土层 4cm。

③覆盖。施药后立即覆盖聚乙烯地膜阻止药气泄漏。

④除膜。施药后 10~15 天后除去地膜，耙松土壤，使残留气体充分挥发 5~7 天。

⑤播种。待土壤残余药气散尽后，即可播种或种植。

（2）营养土施用方法

①准备营养土。如使用有机肥、基肥等，需先与土壤混合均匀。

②配制药液。将本剂加水稀释80倍液备用。

③施药。将营养土均匀平铺于薄膜或水泥地面上，厚度5cm，将配制后的药液均匀喷洒到营养土上，润透3cm以上，再覆5cm营养土，喷洒配制后的药液，依此重复成堆，最后用薄膜严密覆盖，防止药气挥发。

④除膜。施药后10~15天除去薄膜，翻松营养土，使剩余药气充分散出，5~7天后再翻松1次，即可使用。

（3）设施土壤施用方法

①施药前准备工作。包括如下工作：一是清园。清除田间作物植株及残体（包括杂草等根茎叶）。二是补水。根据土壤墒情，适当浇水使土壤湿度达到65%~75%。三是施肥。为避免有机肥带有病菌，有机肥等需要在施药前均匀施到田间。四是翻耕。施药前精细翻耕土壤，用旋耕机旋耕30~40cm，充分碎土，捡净杂物，特别是作物的残根，保持土壤的通透性。

②施药方式。主要有沟施、注射、滴灌等施药方式。

沟施。在翻耕后的田地上开沟，沟深15~20cm，沟距20~25cm，制剂按用药量适量对水（一般80倍左右，现用现对），均匀施到沟内，施药后立即覆土、覆盖塑料薄膜，防止药气挥发。

注射施药。使用注射器械在田间均匀施药（根据器械情况和土壤湿度适量对水），间距（20~25）cm×（20~25）cm，施药后封闭穴孔，覆盖塑料薄膜，防止药气挥发。

滴灌施药。首先安装好滴灌设备，将威百亩试剂溶于水，然后采用负压施药或压力泵混合进行滴灌施药。施药的浓度应控制在4%以上，因为过低的浓度，威百亩易分解。

采用滴灌施药应注意：根据土壤的质地，滴灌线的密度（滴灌线的间隔距离）为30~40cm。通过吸肥器施药时，应防止药液倒流入水源而造成污染。因此，通过滴灌施用农药，应有防水流倒流装置。在关闭滴灌系统前，应先关闭施药系统，用清水继续滴灌20~30min后，再关闭滴灌系统。如果无防止水流倒流装置，可先将水放入一个至少100L的储存桶中，或用塑料布建一个简易水池，然后将水泵放入储存桶或水池中。

③散气。施药后密闭熏蒸时间随气温变化，气温在20~25℃密闭15天以上，气温在25~30℃密闭10天以上。撤去薄膜后当日或隔日深翻田土，使土壤疏松，散气7~10天。检测散气效果可做种子发芽试验，观察菜种出苗及根的健康情况判断毒气散尽与否。确定药气散尽后即可播种或移栽。

5. 注意事项

威百亩土壤熏蒸消毒应注意以下问题。

一是威百亩若用量和施药方式不当，对作物易产生药害，应特别注意。

二是不能与波尔多液、石硫合剂及其他含钙的农药混用。

三是施药时间一般选择上午4—9时或下午4—8时，避开中午高温时间，防止药气过多挥发及保证施药人员安全。

四是该药在稀释溶液中易分解，使用时要现用现配。该药剂能与金属盐起反应，配制药液时避免使用金属器具。

五是施药后如发现覆盖薄膜有漏气或孔洞，应及时封堵，为保证药效可重新施药。

六是该药对眼睛及黏膜有刺激作用，施药时应佩戴防护用具。万一接触眼睛，立即使用大量清水冲洗并送医院诊治。

三、石灰氮消毒

石灰氮，化学名称氰氨化钙，分子式（$CaCN_2$）。它在土壤中分解，不但对土壤和作物体内无残留污染，而且具有缓释氮肥、降低土传病害的发生及减轻地下害虫、补充钙素、改良土壤等作用。

（一）石灰氮的特性

1. 理化性质

氰氨化钙纯品为白色晶体，不纯品呈灰黑色，有特殊臭味。熔点为 1 300℃，沸点为 1 150℃（升华），密度为 2.29g/cm^3，相对密度（水=1）1.08，不溶于水，但可以分解。

2. 毒性

急性毒性：LD_{50}为 334mg/kg（小鼠经口）、158mg/kg（大鼠经口）。

危险特性：本身不燃烧，但遇水或潮气、酸类产生易燃气体并放热，有发生燃烧爆炸的危险。燃烧（分解）产物为一氧化氮、二氧化碳、氮氧化物。

吸入或食入本品粉尘可引起急性中毒。中毒表现为面、颈及胸背上方皮肤发红，眼、软腭及咽喉黏膜发红、畏寒等。个别可发生多发性神经炎、暂时性局灶性脊髓炎及瘫痪等。进入眼内可引起眼损害。皮肤接触可引起皮炎、荨麻疹及溃疡。长期接触可引起神经衰弱综合征及消化道症状，眼及呼吸道刺激。长期大量吸入其粉尘可引起尘肺。

为了克服石灰氮的不良性状，一些科研院所和公司通过高科技手段将其制成了颗粒剂，施用起来既方便，又安全可靠。

3. 作用及其作用机理

（1）药效。石灰氮分解过程中的中间产物氰胺和双氰胺都具有消毒、灭虫、防病的作用，可有效防治各种蔬菜的青枯病、立枯病、根肿病、蔓枯病等病害，有效防治地下害虫和杀灭根结线虫，同时还能减轻单子叶杂草的危害。

（2）肥效。石灰氮含氮量18%~22%、含钙量50%、含碳量20%，都是植物生长必需的养分。石灰氮不溶于水，其所含的氮素需要多次水解，因此它不会像其他速效肥那样马上见效，其氮肥肥效可持续长达3~4个月。水解反应释放的钙是离子态，又比使用像过磷酸钙、硫酸钙等难溶于水的钙肥容易被土壤吸收，在国外有“果蔬钙片”之称。所以有时称石灰氮的养分为缓释氮和活性钙。

（3）改良土壤和保护环境作用。石灰氮不含有酸根，是一种碱性肥料，能防止土壤特别是设施土壤的酸化。

遇水分解方程式：

$CaCN_2+2H_2O=H_2CN_2$（氰胺）$+Ca(OH)_2$

H_2CN_2（氰胺）在酸性土壤溶液中转化为氢氰酸（HCN），也叫氰化氢，它是一种剧毒物质，能迅速使病原线虫和病原微生物窒息死亡，这也是杀虫灭菌的关键所在。氰胺在碱性环境中聚合成双氰胺（$C_2H_4N_4$），双氰胺又是非常好的硝化抑制剂，对提高氮肥利用率，降低蔬菜中硝酸盐、亚硝酸盐含量有明显效果。

（二）施药技术

1. 施药量

防治对象不同，使用剂量有很大的差别（表5-4）。

表5-4 氰氨化钙的施用方法

作物名称	使用量（$kg/667m^2$）	使用时间	等待天数
十字花科作物	30~70	播种或定植前	10~25
瓜类作物	30~40	播种或定植前	10~15
茄果类作物	40~60	播种或定植前	15~22

（续表）

作物名称	使用量（kg/667m²）	使用时间	等待天数
烟草	30~60	播种或定植前	10~22
生菜、菠菜、芹菜等	30~40	播种或定植前	10~15
葱、姜、蒜等	30~70	播种或定植前	10~25
草莓	30~40	播种或定植前	10~15
花卉	30~60	播种或定植前	10~15

2. 使用时间

对于一年生作物，在播种或定植前使用；对于多年生作物，在萌芽前使用。不同使用方法需要处理的天数不同。

3. 使用方法

（1）土壤消毒法（石灰氮+水+太阳能+有机肥或秸秆）。主要操作步骤如下。

①使用时间。在4—10月选择连续3~4天都是晴天天气进行，但防治根结线虫一定要在7—8月选择3~4天都是晴天进行。

②清洁田园。清除田间作物植株及残体（包括杂草等根茎叶）。

③撒有机肥或秸秆。将有机肥或秸秆均匀撒施于土壤表面。防治根结线虫一定要撒施稻草或麦秸，每667m²撒施800~1 000kg。

④撒药。根据种植作物及病虫害发生程度选择合适的施药量。均匀撒施于土壤表面。

⑤翻耕。用旋耕机或人工翻耕20cm（防治根结线虫要求翻耕30cm），使药剂与土壤、有机肥或秸秆等混合均匀。

⑥起垄。起高30cm、宽60~80cm的垄。

⑦盖膜。采用至少0.04mm厚度的塑料薄膜全田覆盖，不留

死角。

⑧浇水。在垄间膜下浇水，浇水量到距垄肩 5cm 为宜。

⑨闷棚。温室、大棚土壤消毒不但要盖好塑料膜，而且一定要密封大棚不漏气，确保地温升高。闷棚处理需要 20~30 天。

⑩定植。达到闷棚天数后揭膜，松土，降温，7~10 天后就可定植或播种作物。定植或播种作物时要结合微生物活化，提高地力。

（2）苗床育苗。每千克石灰氮处理 10~15m^2 苗床，与土掺混后盖膜密闭 5~7 天。

（3）作基肥。在作物播种或移栽前 7~10 天，每 667m^2 施用石灰氮 60kg 左右作基肥。

4. 注意事项

（1）石灰氮施入土壤后，分解的中间产物单氰胺（H_2CN_2）会对作物造成伤害。因此，施用石灰氮后需要一定的等待时间，使单氰胺完全转化成尿素后，才能播种或定植作物。

（2）施药的地块应清理干净前茬作物的残茬，土地应旋耕好，施药地点不要让儿童或家禽进入。

（3）使用时身穿防护服和佩戴口罩、手套，使用后用清水将身体暴露的部分反复冲洗干净，并在使用石灰氮前后 24h 内严禁饮酒。如有中毒事件发生，立即就医。如果溅到皮肤或眼睛，立即用大量清洁流水冲洗 15min 后咨询医生。

（4）撒施石灰氮颗粒剂时，要防颗粒剂的粉尘飘逸。注意不要使石灰氮碰及周围的作物，以免造成伤害。

四、硫酰氟消毒

硫酰氟，商品名为硫酰氟、熏必净、Vikane、ProFume，英文通用名 sulfuric oxyfluoride，分子式为 SO_2F_2，1957 年由 Kenaga 报道了本品的杀虫性质，由 Dow Chemical Co.（现为 Dow Agro-

Sciences）于1960年首次开发。

（一）硫酰氟的特性

1. 理化性质

纯品在常温下为无色无味气体，沸点为-55.2℃；熔点为-136.7℃；蒸汽压为 1.7×10^3kPa（21.1℃），相对密度为1.36（20℃）。密度：气体（空气=1）2.88；液体（在4℃时，水=1）1.342。25℃时蒸汽压为 1.79×10^6Pa，10℃时为1.22MPa，1kg体积为745.1ml，1L质量为1.342kg。溶解性（25℃，1个大气压）：水中750mg/kg，四氯化碳中1.36~1.38L/L，乙醇中240~270ml/L，甲苯中2.1~2.2L/L。在干燥时大约500℃以下是稳定的，对光稳定，在碱性溶液中易溶解，但在水中水解缓慢。硫酰氟易于扩散和渗透，其渗透扩散能力比溴甲烷高5~9倍。易于解吸（即将吸附在被熏蒸物上的药剂通风移去），一般熏蒸后散气8~12h后就难以检测到药剂了。

2. 毒性

对人、畜毒性中等。大鼠急性经口 LD_{50} 为100mg/kg。急性吸入 LC_{50}：（4h）雄大鼠1 122mg/L，雌大鼠991mg/L；（1h）雄大鼠3 730mg/L，雌大鼠3 021mg/L。在大鼠和兔90天吸入试验中，无作用剂量30mg/L（每天暴露6h，每周5天）。对人的急性接触毒性很强。硫酰氟的急性接触毒性为溴甲烷的1/3。一般对昆虫胚胎期以后的所有发育阶段的毒性都很强，但很多昆虫的卵对其具有很强的抗性，这主要是由硫酰氟不能渗透卵壳层的性质决定。

3. 应用范围及作用特点

硫酰氟是优良的广谱性熏蒸杀虫剂。具渗透力强、毒性低、不腐蚀、不变色、使用温度范围广、用量小、吸附量少、解吸快等特点。主要通过昆虫呼吸系统进入体内，作用于中枢神经系统而致昆虫死亡。硫酰氟蒸汽压低，穿透性强，施用后能很快栽种下茬作物。硫酰氟在常温甚至极低温度下是气体，可直接用气体分布管输送施药。可利用硫酰氟水溶性小的特点，覆盖硫酰氟的塑料膜可用水在四周密封。

（二）施药技术

1. 施药量

硫酰氟在我国黄瓜作物上进行了土壤熏蒸登记（表5-5）。

表5-5　硫酰氟田间施药量

试验作物	防治对象	用药量（kg/hm²）	施用方法
黄瓜（保护地）	根结线虫	500~700	分布袋施药

2. 使用时间

播种、定植前使用。

3. 使用方法

硫酰氟使用方法为分布带施药法。

4. 施药时间

夏季施用时应避开中午天气暴热、光照强烈时施药。

（三）安全措施

1. 施药前准备

施药的地块应清理干净前茬作物的残茬，土地应旋耕好，施药地点不要让儿童或家禽进入。备好施药用的防护用具，如胶皮手套、防毒面具等。施药时，操作者应站在上风头。施药作业人员应经过安全技术培训，培训合格后方能操作。面具用1L滤毒罐，滤毒罐超重20g，要更换新罐。施药前要严格检查各处接头和密封处，不能有泄漏现象，可采用涂布肥皂水的方法来检漏。

2. 施药时的安全

施药人员须佩戴有效防毒面具。施药时，钢瓶应直立，不要

横卧或倾斜。施药时，存放硫酰氟的地点应立安全警示牌，应有特殊情况下的安全通道。施药地点应位于上风处。棚内作业时，需留有排风口。

3. 施药结束后的安全

施药结束后，剪断分布带，并踩实施药口。拆下施药管道，并将钢瓶安全帽拧紧，最后施药人员应迅速离开现场。所用防毒面具，应用酒精棉擦洗消毒，以备再用。用完的钢瓶应如数交回管理部门。

硫酰氟钢瓶应储存在干燥、阴凉和通风良好的仓库内，严防受热，搬运时应轻拿轻放，防止激烈振荡和日晒。

（四）应急措施

如发生泄漏，应迅速撤离泄漏污染区人员至上风处，并立即进行隔离，小泄漏时隔离 150m，大泄漏时距离 300m，严格限制人员出入。建议应急处理人员戴自给正压式呼吸器，穿防毒服。从上风处进入现场。尽可能切断泄漏源。合理通风，加速扩散。漏气容器要妥善处理，修复、检验后再用。

硫酰氟对人的毒性很大。如发生头晕、恶心等中毒现象，应立即离开熏蒸现场，呼吸新鲜空气，可注射巴比妥钠和硫代巴比妥钠进行治疗。镇静、催眠的药物如安定、硝基安定、冬眠灵等对中毒治疗无效。皮肤接触的，脱去污染的衣物，用流动清水冲洗；眼睛接触的，立即翻开上下眼睑，用流动清水冲洗 15min，就医；对吸入者，脱离现场至空气新鲜处，呼吸困难时应输氧，呼吸停止时，立即进行人工呼吸，就医。

第三节　生物熏蒸消毒法（辣根素土壤熏蒸消毒）

目前，最常用的生物熏蒸消毒法是辣根素土壤熏蒸消毒。辣根素主要成分为异硫氰酸烯丙酯，广泛存在于辣根、芥菜、油菜等十字花科植物中，可以用作食品调味剂称作芥末油或者芥末膏，亦可以用于食品防腐保鲜、土壤杀菌除虫、仓储除虫防腐、建筑物熏蒸、植物检疫熏蒸处理、水体蓝藻生物污染治理和化工合成中间体等，在食品、化工、农药和医药等行业有着广泛的应用。目前，国际上已经实现商品化，多国已登记，用途之一是替代溴甲烷（甲基溴）防治各种线虫、真菌、细菌病害。

辣根素土壤熏蒸消毒是利用来自十字花科或菊科的有机物（如葡糖异硫氰酸酯）释放的有毒气体杀死土壤中的细菌、真菌、病毒及地下害虫、杂草的一种方法。

一、辣根素的作用特征

辣根素的作用特征表现为：一是环境友好。从辣根等十字花科植物中提取出来的一类次生代谢产物，取材广泛，环境中残留较低，害虫不易产生抗药性。二是广谱和高效杀（抑）菌。辣根素对根结线虫、根腐病（如草莓根腐病）等土传病害具有很好的防治效果。三是除草活性。辣根素对稗草、绿穗苋、野燕麦、野苋菜等种子萌发起明显抑制作用。

二、辣根素的施用技术

（一）施用方法

常用辣根素的剂型为20%辣根素水乳剂，施药方法主要有滴灌施药、大水漫灌施药等。

1. 滴灌

①土壤整理。精细翻耕土壤，用旋耕机旋耕30~40cm，充分碎土，捡净杂物，特别是作物的残根，保持土壤的通透性。旋耕前可将有机肥施于土壤中。

②作垄。根据下茬种植作物确定作垄的大小。

③铺设滴灌管。选择合格的滴灌设备，铺设滴灌管。

④覆膜。整体覆盖塑料薄膜（0.04mm 以上的原生膜），用土将所覆薄膜四周压实。

⑤滴清水。药剂施用前先滴适量清水，滴水至土壤湿度70%~90%，土壤过干会影响药剂均匀扩散，过湿会影响种植。

⑥滴灌施药。将 20%辣根素水乳剂按 5~15L/667m^2，用清水稀释 2~5 倍后通过施肥罐进行滴灌施药，施肥罐内辣根素药剂滴完后再继续滴清水 1~2h。

⑦揭膜散气。密闭熏蒸 15~30 天后打开薄膜通气，揭膜后透气 5~7 天，用旋耕犁翻耕土壤，释放余下的有毒气体。

⑧做发芽试验。方法同棉隆熏蒸后发芽试验。

⑨土壤活化。采用复合微生物菌剂进行土壤活化，如可每667m^2 用宝地生 KS100 1~2kg 进行微生物活化。

2. 大水漫灌

①土壤整理。精细翻耕土壤，用旋耕机旋耕 30~40cm，充分碎土，捡净杂物，特别是作物的残根，保持土壤的通透性。旋耕前可将所有的有机肥施于土壤中。

②浇水造墒。提前适量浇水，使土壤湿度达 70%~90%。

③覆膜。整体覆盖塑料薄膜（0.04mm 以上的原生膜），用土将薄膜四周压实。

④浇施辣根素。将 20%辣根素水乳剂 5~15L/667m^2，用清水稀释 10~100 倍后随浇水的水流均匀施入土壤至基本饱和。

⑤揭膜散气。密闭熏蒸 15~30 天后打开薄膜通气，揭膜后透气 5~7 天，用旋耕犁翻耕土壤，释放余下的有毒气体。

⑥做发芽试验。方法同棉隆熏蒸后发芽试验。

⑦土壤活化。采用复合微生物菌剂（如宝地生 KS100）进行土壤活化，方法同上。

(二) 注意事项

用辣根素土壤熏蒸应该注意以下问题：一是确保消毒区域无作物秸秆、无大的土块，特别要清除土壤中的残根，需浇足够量的水确保施药均匀；二是保持消毒土壤温度15℃以上，土壤湿度60%以上，使靶标生物处于“活化”状态；三是辣根素为熏蒸型药剂，且有强烈的刺激性，消毒作业时操作人员应做好自身防护，如佩戴护目镜、防毒面具等。

第四节　土壤微生物活化修复

土壤熏蒸消毒处理杀灭土壤中有害病原菌的同时，也将有益生物菌群灭杀，这时候土壤为一片净土。如果此时直接进行作物栽培，效果还不如没有土壤熏蒸消毒前，因此土壤熏蒸消毒后必须进行微生物活化，微生物活化的主要途径是在土壤中添加有益的微生物菌剂。

微生物菌剂是指目标微生物（有效菌）经过工业化生产扩繁后，利用多孔的物质作为吸附剂（如草炭、蛭石），吸附菌体的发酵液加工制成的活菌制剂。这种菌剂用于拌种或蘸根，具有直接或间接改良土壤、恢复地力、预防土传病害、维持根际微生物区系平衡和降解有毒害物质等作用。

一、单一微生物菌剂

常见的用于土壤微生物活化修复的单一微生物菌剂有枯草芽孢杆菌、木霉菌、寡雄腐霉等。

(一) 枯草芽孢杆菌

枯草芽孢杆菌（*Bacillus subtilis*），是芽孢杆菌属的一种。革兰氏阳性菌，可产生内生芽孢，耐热抗逆性强，在土壤和植物的

表面普遍存在。芽孢（0.6~0.9）μm×（1.0~1.5）μm，椭圆到柱状，位于菌体中央或稍偏，芽孢形成后菌体不膨大。菌落表面粗糙不透明，需氧菌，可利用蛋白质、多种糖及淀粉，分解色氨酸形成吲哚。广泛分布在土壤及腐败的有机物中，易在枯草浸汁中繁殖，故名。

枯草芽孢杆菌对植物病菌的作用机制和方式主要有：一是具有较强的竞争和定殖能力，从而抢占病原菌的侵染位点，消耗其周围养分，阻止和干扰病原菌对植物叶面和其他器官的侵染，起到防病抑菌的作用。二是枯草芽孢杆菌菌体生长过程中产生的枯草菌素、多粘菌素、制霉菌素、短杆菌肽等活性物质，对致病菌有明显的抑制作用。三是溶菌作用，即枯草芽孢杆菌通过吸附在病原菌的菌丝上，并随着菌丝生长而生长，而后产生溶菌物质造成菌丝体断裂；或者通过溶解病原菌孢子的细胞壁或细胞膜，致使细胞壁穿孔、畸形等现象，从而抑制孢子萌发。四是枯草芽孢杆菌能够产生类似细胞分裂素、植物生长激素的物质，促进植物生长，从而抵抗病原菌的侵害。

（二）木霉菌

木霉属于半知菌门，丝孢目，木霉属，常见的木霉有绿色木霉、康宁木霉、棘孢木霉、深绿木霉、哈茨木霉、长枝木霉等。

木霉菌防治病害或抑制病原的主要机制包括：一是产生抗生素。木霉菌可以产生挥发性或非挥发性抑制病原菌生长的抗生物质，如三柯胜、三柯得茗、粘帚毒素、煤尼毒素及胜肽素等，可抑制病原菌孢子发芽与菌丝生长。二是夺取或阻断病原菌所需的养分，如铁、氮、碳、氧或其他适宜病原菌生长的微量元素，减少病原菌的发芽与生长。三是细胞壁分解酵素，单独或组合使用时可直接分解真菌细胞壁。四是诱导植物产生抗性。植物经木霉菌处理后，可诱导产生特别的酵素等物质，进而对叶部病害或病毒病害产生抗性。

（三）寡雄腐霉

寡雄腐霉是在自然界中广泛分布的一种攻击性很强的寄生有益真菌，能在多种农作物根围定殖。

寡雄腐霉防治病害或抑制病原的主要机制包括：一是寡雄腐霉通过菌丝侵入致病真菌或其他卵菌的组织内，逐渐消耗其体内养分，最终达到杀灭作用；二是寡雄腐霉在生长过程中能产生大量的分泌物，如纤维素酶、胞外溶解酶、蛋白酶、脂肪酶、β-1，3-葡聚糖酶等，这些分泌物对多种病原真菌菌丝的生长均有抑制作用；三是寡雄腐霉能产生一种与诱导抗性相关的被称为寡雄蛋白（Oligandrin）的拟激发素，诱导植物产生抗性，抵抗病原菌的侵入；四是寡雄腐霉及其代谢产物能够促进作物养分（如磷）的吸收。增加植株中吲哚乙酸的含量，能够促进植株生长。

二、复合微生物菌剂

复合微生物菌剂，由两种或两种以上且互不拮抗的微生物菌种制成的微生物制剂。此类菌剂一般具有种类全、配伍合理、功能性强、经济效益高等优良特点。

（一）复合微生物菌种

复合微生物菌种，由多种微生物菌种复配而成，其中的微生物菌种相互促进、相互补充，抗土传病害效果远远大于单一菌种。有益菌群相互协同，共同作用，能使作物达到高产丰产、防病抗病的效果。

复合微生物菌种主要由枯草芽孢杆菌、地衣芽孢杆菌、侧孢短芽孢杆菌、解淀粉芽孢杆菌、放线菌、酵母菌等微生物菌种复配而成。其功能主要表现为：一是菌群中的巨大芽孢杆菌、胶冻样芽孢杆菌等有益微生物在代谢过程中产生大量的植物内源酶，

可明显提高作物对氮、磷、钾等营养元素的吸收率。二是菌群中的胶冻样芽孢杆菌、侧孢芽孢杆菌、地衣芽孢杆菌等有益菌可促进作物根系生长。三是菌群中的侧孢芽孢杆菌、枯草芽孢杆菌、凝结芽孢杆菌等可降低植物体内硝酸盐和重金属含量。乳酸菌、嗜酸乳杆菌、凝结芽孢杆菌、枯草芽孢杆菌等可提高果实中必需氨基酸（赖氨酸和蛋氨酸）、维生素B族和不饱和脂肪酸等的含量。果实口感好，耐储藏。四是菌群中的米曲菌、地衣芽孢杆菌、枯草芽孢杆菌等有益微生物能加速有机物质的分解，为作物制造速效养分，提供动力，能分解有毒有害物质。五是菌群中的地衣芽孢杆菌等有益微生物施入土壤后，迅速繁殖成为优势菌群，控制根际营养和资源，使重茬、根腐、立枯、流胶、灰霉等病原菌丧失生存空间和条件，形成阻止病原菌侵袭的屏障。

（二）酵素菌

酵素菌是一种生物工程产品，是能够产生多种催化分解酸的有益微生物群体。酵素菌是由细菌、放线菌和真菌三大类，几十种菌和酶组成的有益生物活性的功能团。

酵素菌功能主要表现为：一是能使土壤疏松，通透性好，形成土壤的团粒结构，保水保肥，抗旱耐涝，增强作物的适应能力，从而提高N、P、K肥料利用率，使产量稳定增加。二是形成有益微生物群体优势，抑制有害微生物的繁殖，减少病虫害发生。三是产品质量明显提高。施用酵素菌肥种植的蔬菜、水果，风味、口感好，保鲜期长，草莓、西瓜等含糖量得到提高。

三、微生物菌剂施用方法及注意事项

采用化学方法土壤熏蒸消毒后，必须揭膜透气7~10天，发芽试验合格后再在土壤中施入微生物菌剂肥料。

（一）施用方法

1. 作基肥施用

整地时施入微生物菌肥，沟施、穴施、撒施均可，按照微生物菌肥使用方法选择合适的使用量，如宝地生 KS-100 用量 1~2kg/667m^2。

2. 蘸根灌根

移栽时蘸根或栽后其他时期灌于根部，如宝地生 KS-100 用量 1~2kg/667m^2，对水 3~4 倍蘸根。

3. 冲施

用适量水稀释后灌溉时随水冲施，如宝地生 KS-100，用量 1kg/667m^2。

（二）注意事项

施用微生物菌剂应注意如下几点。

（1）微生物菌剂不应该长期放置，应该随用随买；使用前应该存放在阴凉干燥、通风处，避免受热、受潮以及阳光直射；包装打开后应一次性用完，否则会导致其他菌进入，污染肥料中的菌。

（2）微生物肥料适宜施用的时间是清晨和傍晚或无雨阴天，避免高温干旱条件下使用；蘸根时加水要适量，使根系完全吸附。蘸根后要及时定植、覆土，且不可与农药、化肥混合施用，特别是现在很多菜农为防治根茎部病害，使用农药灌根，如多菌灵、恶霉灵、硫酸铜等药剂，真菌、细菌都能防治，但对菌肥中的有益菌也有杀灭作用，所以建议使用菌肥后不要再用农药灌根。

（3）要为生物菌提供良好的繁殖环境。菌肥中的菌种只有经过大量繁殖，在土壤中形成规模后才能有效体现出菌肥的功能，为了让菌种尽快繁殖，就要给其提供合适的环境，施用菌肥

必须配合改良土壤和合理耕作，以保持土壤疏松、通气良好。

（4）使用生物菌肥必须投入充足有机肥。有机质是微生物的主要能源，有机质分解还能供应微生物养分。因此，施用生物菌肥时必须配合施用有机肥料，所以菜农在使用菌肥时应与粪肥等有机肥一起施用，不但可加快有机肥的腐熟速度，而且能促进菌群的形成。

（5）生物菌不宜与氮磷钾大量元素肥料共同使用。生物菌适合与有机质共同使用，但是与氮磷钾等复合肥料共用时能杀死部分微生物菌，降低肥效。可在适量施入氮磷钾等复合肥后，再施入生物菌肥进行补充。

第六章　设施蔬菜有机基质型无土栽培技术

近年来，设施蔬菜栽培连作障碍日益加剧。为减轻或克服设施蔬菜连作障碍，科研工作者开展了科技攻关，探索出了许多减轻或克服设施蔬菜连作障碍的有效方法。其中设施蔬菜无土栽培技术是减轻或克服温室连作障碍的有效技术措施。设施蔬菜无土栽培是指不用天然土壤而用基质或仅育苗时用基质，在定植以后用营养液进行灌溉的栽培方法。设施蔬菜基质栽培是无土栽培的主要形式，是采用一定营养成分的有机基质作为载体，结合使用有机固体肥料或液体冲施肥料进行合理灌溉的无土栽培技术。生产中推广面积约占无土栽培总面积的 90% 以上。利用基质栽培进行蔬菜生产，基质具有固定根系和为蔬菜提供营养与水分的功能，且可以降低一次性投资和生产成本，简化操作程序，从而实现高效生产。基质栽培的方法比较多，国内目前以复合基质的槽式和袋式栽培为主，岩棉培在一些农业科技园区也有应用，但一直难以发展。

第一节　栽培基质配制

一、栽培基质的配制

（一）基质的选用原则

基质的选择原则可以从 2 个方面来考虑：一是适用性，二是

经济性。

1. 基质的适用性

基质的适用性是指基质是否适合所要种植的蔬菜。一般来说基质的容重在 0.5g 左右，总孔隙度在 60%左右，大小孔隙比在 0.5 左右，化学性质稳定，酸碱度接近中性，不存在有毒物质的都适合。有时基质的某一性状在一种情况下是适用的，但在另一种情况下就不适用了。决定基质的适用与否，还应该有针对性地进行试验，可以提高判断的准确性。

2. 基质的经济性

有些基质对蔬菜生长有很好的促进作用，但是来源不易或价格太高，不宜使用。选择基质既要考虑基质对蔬菜生长的促进作用，又要考虑基质的来源容易、价格低廉。

（二）基质的种类及性状

1. 基质的种类

从基质的组成分类，可分为无机基质、有机基质两类。常用无机基质有：沙、蛭石、岩棉、珍珠岩等。有机基质有：泥炭、稻壳、菇渣、椰糠等。

从基质的来源分类，分为天然基质、人工合成基质两类。如沙、石砾等为天然基质，而岩棉、海绵等则为人工合成基质。

从基质的性质分类，分为活性基质、惰性基质两类。活性基质是指基质具有阳离子代换量、可吸附阳离子的或基质本身能够供应养分的基质，如泥炭、蛭石、蔗渣；而惰性基质是指基质本身不起供应养分的作用或不具有阳离子代换量，难以吸附阳离子的基质，如沙、石砾、岩棉。

从基质使用时组分的不同分类，分为单一基质、复合基质两类。单一基质以一种基质作为蔬菜的生长介质，如椰糠培、沙培、岩棉培。复合基质是由两种或两种以上的单一基质按一定的比例混合制成的基质。

2. 常用的基质性能

（1）沙。沙一般含二氧化硅50%以上，没有离子代换量，容重为1.5~1.8g/cm³。使用时选用粒径为0.5~3.0mm的沙为宜。用沙作为基质的主要优点在于其来源容易、价格低廉，蔬菜长势良好，但由于沙的容重大，给搬运、消毒和更换等管理工作带来了很大的不便。作无土栽培的沙应确保不含有毒物质。

（2）蛭石。蛭石为云母类硅质矿物。经高温膨胀后的蛭石的体积是原来的16倍，容重很小，孔隙度较大。蛭石的pH值因产地不同、组成成分不同而稍有差异。一般均表现为中性至微碱性，也有些是碱性的，pH值在9.0以上。当其与酸性基质如泥炭等混合使用时不会出现问题。如单独使用，因pH值太高，需加入少量酸进行中和方可使用。无土栽培用的蛭石的粒径应在3mm以上，但蛭石较容易破碎，在运输、种植过程中不能受到重压。蛭石一般使用1~2次后，其结构就变差了，需重新更换。

（3）岩棉。岩棉是由60%的辉绿岩、20%的石灰石和20%的焦炭混合高温熔融喷成细丝并被压制而成。岩棉是完全消毒的，不含病菌和其他有机物。岩棉孔隙度大，吸水能力强。未使用过的岩棉pH值较高，加入少量的酸，1~2天后pH值就会降下来。岩棉在强酸下不稳定，纤维会溶解。

（4）珍珠岩。珍珠岩是由一种灰色火山岩加热至1 000℃时，岩石颗粒膨胀而成。容重小，孔隙度大，主要成分为SiO_2、Al_2O_3、Fe_2O_3、CaO、MnO、Na_2O和K_2O等。珍珠岩中的养分不能被蔬菜吸收利用。珍珠岩是一种较易破碎的基质。

（5）泥炭。泥炭是迄今为止被世界各国普遍认为最好的一种无土栽培基质。根据泥炭形成的地理条件和分解程度可分为低位泥炭、高位泥炭和中位泥炭三大类。低位泥炭不宜作无土栽培基质。高位泥炭在无土栽培中可作合成基质的原料。泥炭在生产上常与沙、煤渣和蛭石等基质混合，以增加容重，改善基质

结构。

（6）稻壳。无土栽培上使用的稻壳是进行炭化处理的，称为炭化稻壳或炭化砻糠。总孔隙度为82.5%，pH值为6.5左右。如果炭化稻壳在使用前没有经水冲洗过，炭化形成的碳酸钾会使其pH值达到9，使用前应用水冲洗一下。炭化稻壳不带病菌，营养元素丰富，通透性强，持水能力差。

（7）菇渣。菇渣是种植草菇、平菇等食用菌后废弃的培养基质。用于无土栽培，需将菇渣加水至含水量为75%左右，堆成一堆，盖上塑料薄膜进行发酵。菇渣的pH值为6.9左右。

（8）椰糠。与泥炭相比，椰糠含有更多的木质素和纤维素，疏松多空，保水和通气性能良好。椰糠酸碱度表现为酸性，可用于调节pH值过高的基质或土壤。磷和钾含量较高，但氮、钙、镁含量低。因此使用中必须额外补充氮素等，而钾的使用量则可适当降低。

（三）复合基质的配置

用于设施蔬菜有机基质栽培的固体基质，要能为蔬菜生长发育提供稳定协调的根际环境条件，不仅起到固定蔬菜、保持水分和透气的作用，还具有养分供应作用，能使蔬菜正常生长。因此，它的理化性状要达到一定的要求：容重在0.1～0.8g/cm^3，pH值在6.5左右，且具有一定的缓冲能力，电导率在2.5mS/cm以下，保肥性良好，具有一定的碳氮比以维持栽培过程中基质的生物稳定性。一般来说，单一基质通常存在一些缺陷和不足，因此，复合基质应用广泛。即以有机原料为主，加入一定量的无机物质来调节基质的物理性能。

各地可根据当地农业废弃物来源、成本情况因地制宜选择基质配方。根据多年来的研究与实践，适合茄果类、瓜类蔬菜生长的常用的基质配方（体积比）有：

配方1：发酵稻壳、腐熟鸡粪、河沙配比为3：1：1。

配方2：发酵稻壳、腐熟鸡粪、腐熟牛粪、河沙配比为3∶1∶5∶1。

配方3：玉米或小麦发酵秸秆、腐熟鸡粪、河沙配比为4∶1∶3。

配方4：发酵菇渣、发酵稻壳、腐熟鸡粪、河沙配比为4∶2∶1∶1。

配方5：发酵菇渣、发酵稻壳、麸皮配比为20∶1∶1。

配方6：麦秸、炉渣配比为7∶3。

(四) 基质的发酵处理

使用装载机或人工将混合好的基质混合物料建成高0.8~1.2m、底宽2.5~3.0m、顶宽1.5~2.0m、长度大于3.0m的梯形条垛发酵堆。堆体顶面间隔50cm垂直到底均匀打制通气孔，孔径约3cm，表面覆盖一层塑料薄膜。

当最高堆温升到60℃以上，保持3天，采用机械或人工翻堆，以后每天翻堆一次，共翻堆5次。最后一次翻堆后，用塑料薄膜覆盖料堆，堆置5天左右，使用金属数字温度计测温，将温度感应端插入堆体距离顶面约30cm深处，当料温接近环境温度、不再升高时发酵完成。发酵总时间为13~15天，发酵期间应预防雨淋和积水。

充分发酵好后，即可填槽使用。

二、栽培槽设置

基质栽培的方式多种多样，主要有槽式栽培、沟式栽培、袋式栽培、管道栽培以及墙壁式栽培等多种形式。袋式栽培和管道栽培要有特制的栽培袋和管道，成本高、投入大，在生产中较少应用，而墙壁式栽培大多用于观赏农业中的景点设置，在生产中应用较广的为有机基质槽式栽培模式。

（一）槽式栽培槽的设置

槽式栽培需特制的栽培槽，将地面整平后，根据种植蔬菜种类，开挖不同规格的栽培槽。种植茄果类、瓜类可按照 1.2～1.6m 槽距，开挖上口宽 40cm、底宽和高均为 25cm，横断面为等腰梯形或矩形的栽培槽（图 6-1）；种植叶菜类可按照 1.4m 槽距，开挖上口宽 100cm、底宽和高均为 25cm，横断面为等腰梯形或矩形的栽培槽。

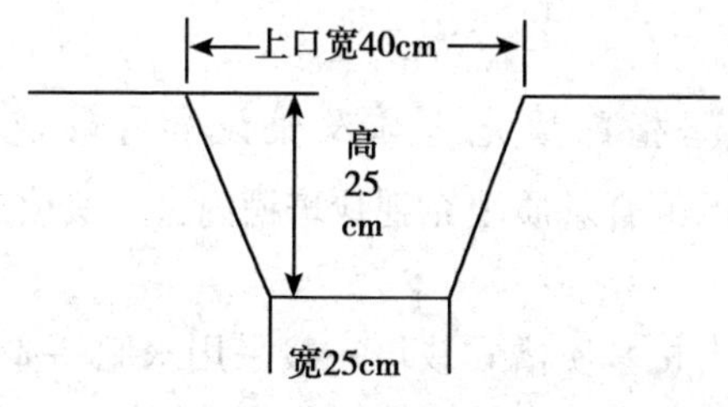

图 6-1　栽培槽规格

根据土壤连作障碍轻重可将栽培槽形式设置为开放式、半隔离式和隔离式 3 种。

①开放式栽培槽。指栽培槽内基质与土壤不隔离，这种栽培方式适用土壤连作障碍较轻的设施土壤。

②半隔离式栽培槽。在栽培槽两侧铺厚 0.1mm 以上塑料薄膜，将栽培基质与栽培槽两侧土壤隔离，栽培槽底部与土壤不隔离，这种栽培方式适用连作障碍较重的设施土壤。

③隔离式栽培槽。在栽培槽两侧及底部均铺厚 0.1mm 以上塑料薄膜，将栽培槽内基质与周围土壤完全隔离，这种栽培方式适用连作障碍严重的设施土壤。

根据山东农业大学于贤昌教授在西瓜上试验，在根结线虫等病害较轻的情况下，采用开放式栽培的西瓜植株长势较好，产量明显高于其他处理，果实中维生素 C、番茄红素、可溶性糖均高于其他处理（表6-1）。

表6-1 栽培方式对西瓜产量及品质的影响

处理	单果重（kg）	产量（kg/667m²）	V_C 含量（mg/100g）	番茄红素［mg/（g·FW）］	可溶性糖（%）
隔离式	2.169	2 928.113	3.342	2.316	1.118
半隔离式	2.908	3 925.751	3.615	3.487	1.698
开放式	3.076	4 152.548	3.923	4.246	1.901
土壤栽培	2.872	3 877.152	3.422	3.593	1.389

（二）栽培槽内填充基质及铺设滴管管道

将发酵好的混合基质填充到栽培槽内，一般填充至与栽培槽齐平即可。

设施蔬菜有机基质槽式栽培一般采用水肥一体化管理技术。采用水肥一体化灌溉可有效减少水分用量，提高水分利用率和肥料利用率。栽培槽内铺设滴灌带的数量根据栽培蔬菜种类不同，一般栽培一行蔬菜铺设一条滴灌带。

三、栽培基质的消毒及重复利用

栽培槽内的基质使用时间长了，会聚积病菌和虫卵，特别是在连作的情况下，更容易发生病害。基质消毒常用的方法主要有太阳能消毒、蒸汽消毒和化学药品消毒等。

（一）太阳能消毒

太阳能消毒是近年来应用较普遍的一种廉价、安全、简单实用的无土栽培基质消毒方法。具体方法为：在夏季高温季节，喷湿基质，使其含水量超过80%。然后覆盖塑料薄膜，并密闭温室或大棚，暴晒10~15天，能有效地杀死根结线虫、害虫卵等，起到很好的消毒效果。

（二）蒸汽消毒

蒸汽消毒是在温室栽培条件下以蒸汽进行加热，具体方法是：将基质装入柜内或箱内（体积在1~2m^3），用通气管通入蒸汽进行密闭消毒。一般温度在70~90℃条件下持续进行15~30min即可，缺点是成本较高。

（三）化学药品消毒

消毒所用的化学药品主要有甲醛、氰氨化钙、氯化苦和威百亩等。

（1）40%甲醛（福尔马林）。甲醛是良好的杀菌剂，但杀虫效果较差。一般将40%的原液稀释50倍，将基质均匀喷湿。每立方米基质所需药液量一般为20~40L。最后用塑料薄膜密封72h后揭膜，将基质摊开。风干暴晒两天后，即可使用。

（2）氰氨化钙。夏季将栽培槽旧基质中添加10%的腐熟鸡粪和50kg/667m^2的氰氨化钙混匀，浇水后盖严塑料薄膜，密封日光温室10~15天，并配合高温太阳能消毒，然后将基质捣松晾晒5~7天，即可使用。

（3）威百亩。威百亩是一种水溶性熏蒸剂，对线虫、杂草和某些真菌有杀害作用。使用时1L威百亩加入10~15L水稀释，可处理10m^3基质，施药后将基质密封，半个月后可以使用。

（4）氯化苦。将基质整齐堆放30cm厚度，然后每隔20~30cm向基质内15cm深度处注入氯化苦药液3~5ml，并立即将注射孔堵塞。用同样方法处理基质2~3层后用塑料薄膜覆盖，使基质在15~20℃条件下熏蒸7~10天。基质要有7~8天的风干时间，以防止直接使用时对蔬菜造成伤害。氯化苦对人体有毒，使用时要注意安全。

此外，基质随着种植时间的延长，有机基质已完全腐烂，蔬菜残根也比较多，病菌和盐分已有积累，且会造成基质内盐分的累积，引起基质电导率的增高，影响蔬菜根系吸收功能，危害蔬菜的生长，故基质培在使用一段时间后要用清水洗盐。通常基质经2~3年需更换1次，但含有秸秆的基质，每茬蔬菜收获后要适当补充新基质，确保有充足的养分。

第二节 主要设施蔬菜有机基质型无土栽培技术

一、设施番茄有机基质型无土栽培技术

（一）品种选择

冬春栽培选择耐低温、耐弱光、抗性强的品种，如罗普莱斯、金宝利、欧冠等；秋冬栽培选择高抗病毒病、耐热、丰产性好的品种，如罗拉、金棚M5、亮粉167等；长季节栽培的番茄因生长期长，应选择综合性状良好，尤其是坐果性好、品质优良、抗病性强的品种，如圣女果、胜娇等。

（二）培育壮苗

1. 播种育苗

根据季节不同可选用日光温室、连栋温室等育苗设施，采用72孔或128孔穴盘育苗，并对育苗设施进行消毒处理。将饱满种子浸种、催芽后播种，把种子放入55℃热水，搅拌均匀，维持水温浸泡25min，水温降至常温后，继续浸泡6~8h。将温汤浸种处理后的种子，放入10%磷酸三钠溶液浸泡20min，或用50%多菌灵可湿性粉剂500倍液浸种2h，或用福尔马林溶液100倍液浸种30min，捞出后，用清水洗净。将处理好的种子放到湿毛巾或纱布中包裹，置于25~30℃下保温催芽。

2. 苗期管理

（1）温度。播种至出苗期，白天温度保持在25~30℃，夜间温度保持在15~18℃，最低温度不低于13℃，以利出苗；出

苗至定植前，白天温度保持在 20～25℃，夜间温度保持在 12～16℃，最低温度不低于 8℃，苗出齐后加强通风降温，先放小风，慢慢放大风口，缓慢降温；定植前 5～7 天进行低温炼苗，白天温度保持在 15～20℃，夜间温度保持在 8～10℃，最低温度不低于 5℃。

（2）光照。冬春育苗采用反光幕等增光措施，尽可能地延长光照时间。夏秋高温季节苗出齐后，白天上午 9 时至下午 4 时用遮阳网遮阴，加大通风，降低温度，适宜秧苗生长。

（3）水分。保持基质湿润，但出苗后要适当控制，注意调节水分，尽量少浇水，以控水为主，促控结合。晴天空气湿度保持 50%～60%、基质湿度 75%～80%；阴天空气湿度保持 50%～55%、基质湿度 60%～65%。

（三）栽培槽规格及基质配方

1. 栽培槽规格

槽间距为 1.4～1.6m 槽距，上口宽 40cm、底宽和高均为 25cm，横断面为等腰梯形。

2. 适宜设施番茄生育的较佳有机基质配方

不同作物对基质配方的要求不同，高俊杰等在研究以菌渣为主要原料的适宜设施番茄生长的有机基质配方时，开展了菌渣与稻壳、牛粪、沙子不同配比对番茄品质与产量的影响研究。结果确定以菌渣为主要原料的适宜设施番茄生长的有机基质配方为发酵菇渣、发酵稻壳、腐熟鸡粪、河沙配比为 4∶2∶1∶1（表 6-2）。

表 6-2　以菌渣为主要原料的不同基质配方对日光温室番茄品质和产量的影响

配方	V_C (mg/g)	可溶性糖 (mg/g)	硝酸盐 (mg/g)	产量 (kg/hm^2)
菌渣∶稻壳∶牛粪∶沙子＝6∶0∶1∶1	90.50	45.21	10.00	142 588.35

（续表）

配方	V_C（mg/g）	可溶性糖（mg/g）	硝酸盐（mg/g）	产量（kg/hm²）
菌渣：稻壳：牛粪：沙子=4：2：1：1	92.08	39.74	11.13	157 562.85
菌渣：稻壳：牛粪：沙子=3：3：1：1	86.00	38.47	11.25	152 810.70
菌渣：稻壳：牛粪：沙子=2：4：1：1	84.17	37.10	11.66	146 572.35
菌渣：稻壳：牛粪：沙子=0：6：1：1	79.83	35.49	12.56	139 691.10
常规土栽	67.08	31.73	7.85	141 985.50

根据番茄生长对土壤环境条件的要求，试验确定的其他适宜设施番茄有机基质型栽培的基质配方有：

配方1：发酵稻壳、腐熟鸡粪、河沙配比为3：1：1。

配方2：发酵稻壳、腐熟鸡粪、腐熟牛粪、河沙配比为3：1：5：1。

配方3：发酵菇渣、发酵稻壳、麸皮配比为20：1：1。

（四）定植

将栽培基质填入槽内。定植前3~4天将基质浇透水，使基质充分湿润。每槽栽植两行，定植密度因栽培茬口而定，通常株距30~40cm，每667m² 栽植2 500~2 800株。

（五）定植后的管理

1. 温度管理

缓苗期白天温度保持在25~28℃，夜间不低于15℃。开花坐果期白天温度保持在20~25℃，夜间不低于10℃。结果盛期温度保持在22~26℃，下午5时至晚上10时温度保持在13~15℃，晚上10时至翌日8时温度保持在10~13℃。根系生长最适温度为 20~25℃。冬春季节管理低温弱光天气较多，尽量保证夜间温度不低于 10℃，极端低温天气下不得低于 5℃。高温高湿时，要及时通风换气排湿。

2. 光照管理

冬春季节，在不降低温室气温的前提下，尽量多争取接受太阳光。保持棚膜清洁，增加透光率。

3. 肥水管理

（1）追肥。缓苗后施 1 次提苗肥，一般选择营养液或全水溶性高氮水溶肥，随滴灌系统冲施到番茄的根部。在基肥充足情况下，在第 1 穗果坐住前应控制肥水。开花期施高磷肥，促进开花坐果，当第 1 穗果坐住后至盛果期分别追肥 6~7 次，每 667m^2 随水冲施 10~15kg 高钾水溶肥（如 $N-P_2O_5-K_2O$ 为 16-8-34+TE），促进果实的形成。生长过程中还应根据植株长势，根外喷施 1%~2%磷酸二氢钾。

（2）浇水。番茄对土壤水分要求严格，特别是结果盛期，土壤蒸腾旺盛，对水分需求量大，但又不能忽干忽湿，以免水分供应不平衡导致番茄裂果，故而应在早上气温较低时滴灌浇水。冬季一般 3~5 天浇水 1 次，栽培基质相对含水量维持在 75%左右。随着温度的升高，土壤和蔬菜蒸腾量逐渐加大，浇水量应随之加大，小水勤浇，栽培基质相对含水量维持在 80%左右即可。

4. 植株调整

目前，基质栽培番茄多采用单秆整枝法。

当植株长到 30cm 左右就可吊蔓，用夹子牵引吊绳开始吊蔓，以后随着蔓的伸长进行“S”形缠绕，前 2 个节位可绕 3~4 圈以固定植株，以后每 3 个节位缠绕 2~3 圈。侧枝长到 6~8cm 时及时去除。第 1 穗果坐住后开始去除下部老叶，冬季平均 15 天去除 1 次，其他季节 7~10 天 1 次，每次去 2~3 片叶。第 1 穗果转色后，其下部的老叶全部去掉。春季随着外界气温的升高，植株偏向于生殖生长，果实转色很快，此阶段至少保持18片功能叶。采收结束前1个月摘心，在最顶部的一穗番茄上部留2~3片叶用于遮阴。在番茄第1穗果采收后开始第1次落蔓，每次向下落0.5m即可。

5. 保花保果

目前多采用化学授粉。针对早春气温低，番茄易出现落花落果现象，可以在开花时于上午7—9时，用10~15mg/kg的2，4-D或25~35mg/kg番茄灵蘸花，以提高坐果率。温度低时浓度相应提高，温度高时浓度降低。生长旺盛期花多，可适当疏花疏果，提高产量和品质。为确保品质优，均匀一致，根据果型大小，一般每穗留果3~5个，秋冬茬和冬春茬5~6穗，其余畸形花果、小花果应及时疏除。

（六）病虫害防治

1. 虫害防治

白粉虱、蚜虫：可用黄诱杀，或用1.5%天然除虫菊素水乳剂1 000~1 500倍液喷雾防治，或用25%噻虫嗪水分散粒剂5 000~6 000倍液，或用10%吡虫啉可湿性粉剂1 000~2 000倍液，喷雾防治。注意叶背面均匀喷洒。

潜叶蝇：用0.5%甲氨基阿维菌素乳油或噻虫嗪、灭蝇胺、氯虫苯甲酰胺等药剂防治。

2. 病害防治

猝倒病、立枯病：主要危害苗期，一旦发现病株，立即拔除。可用50%霜脲·锰锌可湿性粉剂600倍液喷淋，或77%氢氧化铜可湿性粉剂500倍液喷雾。

灰霉病：可用25%嘧菌酯悬浮剂34g/667m^{2}对水喷雾，或用6.5%乙霉威粉尘剂、50%腐霉利可湿性粉剂，或用5亿孢子/g木霉菌水溶剂300~500倍液等药剂轮换用药进行防治。

晚疫病：发病初期可选用75%百菌清或75%代森锰锌可湿

性粉剂500~600倍液，或用25%瑞毒霉可湿性粉剂800~1 000倍液，或用72%霜脲·锰锌可湿性粉剂600~800倍液；结合使用45%百菌清烟剂，每667m^{2}每次250g，或用55%百菌清或5%乙霉威粉尘剂，每667m^{2}每次1kg。每7~10天用药1次，连续防治2~3次。

叶霉病：可选用10%苯醚甲环唑可湿性粉剂1 500~2 000倍液喷雾，或用430g/L戊唑醇13g/667m^{2}对水喷雾，连喷2~3次，施药间隔7~10天。

病毒病：用20%盐酸吗啉胍·铜可湿性粉剂300~500倍液，或用2%氨基寡糖素水剂800~1 000倍液喷雾防治，减轻病害症状。

二、设施黄瓜有机基质型无土栽培技术

（一）品种选择

选择优质、高产、抗病、耐储运、商品性好、适合市场需求的品种。秋冬茬品种有德瑞E95、津优518等，早春茬品种可选择津优35、德瑞特D19等。

（二）培育壮苗

1. 播种育苗

根据栽培季节、育苗方式和壮苗指标选择适宜的播种期。秋冬茬8月上中旬播种，越冬茬8月下旬至9月上旬播种，冬春茬11月至12月播种。种子先进行催芽，当种子70%以上露白时即可播种。

生产中一般采用嫁接育苗，嫁接砧木为白籽南瓜、黑籽南瓜。

2. 苗期管理

（1）温度管理。黄瓜幼苗管理应掌握“两高两低”的原则，

播种至齐苗期，白天温度保持 25～30℃，夜间温度 16～18℃；出苗后到第 1 片真叶展开前适当降低苗床温度，防止秧苗徒长形成高脚苗；第 1 片真叶至炼苗期，白天 25～28℃，夜间 14～16℃；定植前 5～7 天，白天 20～23℃，夜间 10～12℃。

（2）光照管理。冬春育苗应采用反光幕等增光措施，有条件的可以悬挂补光灯给蔬菜补光；夏秋育苗应适当遮光降温。

（3）水分管理。黄瓜苗期尽量不要频繁浇水，以防徒长成高脚苗，基质宜干不宜湿。阴雨天、日照不足、湿度高时，不宜浇水；一般上午浇水，晚上浇水则易徒长。定植前，控水、控湿进行炼苗，以增强幼苗抗逆性，提高定植成活率。

3. 嫁接

一般采用插接法嫁接。嫁接后扣小拱棚遮阴，小拱棚内相对湿度为 90%以上；白天温度 28～30℃，夜间 18～20℃。嫁接后 3 天逐渐撤去遮阴物，7 天后伤口愈合，不再遮阴。

（三）栽培槽规格及基质种类

1. 栽培槽规格

槽间距为 1.2～1.4m 槽距，上口宽 40cm、底宽和高均为 25cm，横断面为等腰梯形栽培槽。

2. 适宜设施黄瓜生长的较佳有机基质配方

适宜设施黄瓜有机基质型栽培的基质配方为：

配方 1：发酵稻壳、腐熟鸡粪、河沙配比为 3∶1∶1。

配方 2：发酵稻壳、腐熟鸡粪、腐熟牛粪、河沙配比为 3∶1∶5∶1。

配方 3：发酵菇渣、发酵稻壳、腐熟鸡粪、河沙配比为 4∶2∶1∶1。

配方 4：发酵菇渣、发酵稻壳、麸皮配比为 20∶1∶1。

（四）定植

冬春季节定植期，一般在幼苗 4～5 片叶，10cm 地温稳定在

12℃以上。秋季在幼苗3片叶时定植。一般秋冬茬8月下旬至9月上旬，越冬茬9月下旬至10月上旬，冬春茬12月下旬至翌年1月上旬。定植前先将定植槽内基质浇透水及营养液，然后再栽苗，定植深度以达子叶节为宜。常采用大小行栽培，每槽栽2行，大行距140cm，小行距20cm，株距21~27cm，栽植后覆盖地膜。

（五）定植后管理

1. 温湿度管理

定植后5~6天内不通风，气温超过30℃时放风。缓苗期温度：白天28~30℃，晚上不低于18℃，相对湿度80%~90%；营养生长期适温白天24~28℃，夜间13~15℃，相对湿度80%~85%；结果期适温：白天25~28℃，间17~20℃，相对湿度70%~85%。气温低于10℃，生长缓慢或停止生长，高于35℃则光合作用受阻。空气湿度通常80%左右为佳，湿度太高不利生长，易染病。遇冷凉季节，通过卷膜的收放进行适当保温，在冷、潮天气（10℃左右）时可封闭温室保温，但要注意中午开窗换气；5月至10月间，当遇到白天中午阳光充足温度高的天气时，可利用遮阳网进行降温。

2. 光照管理

黄瓜喜光，最适的光照强度为40 000~50 000lx。采用透光性能好、耐老化的防雾无滴膜，保持膜面清洁。冬季或早春晴天时尽量早揭草苫或保温被，以增加光照时间。

3. 肥水管理

（1）追肥。根据黄瓜不同生育期、不同生长季节的需肥特点，按照平衡施肥的原则，分阶段进行合理施肥。定植至开花期间，选用高氮型水溶肥（如N-P_2O_5-K_2O为23-5-16+TE），或用氮磷钾配方相近水溶肥料（如N-P_2O_5-K_2O为20-20-20+

TE)，每 667m² 每次用量为 5kg 左右，间隔 7 天左右滴灌追施 1 次。开花后至拉秧期间，选用高钾型滴灌专用肥（如 $N-P_2O_5-K_2O$ 为 20-6-24+TE)，或用氮磷钾配方相近水溶肥料（如 $N-P_2O_5-K_2O$ 为 20-20-20+TE)，每 667m² 每次用量为 8~10kg，间隔 7 天左右滴灌追施 1 次。滴灌专用肥尽量选用含氨基酸、腐植酸、海藻酸等具有促根抗逆作用的功能型完全水溶性肥料。根据天气情况、黄瓜植株长势、基质水分、棚内湿度等情况，调节滴灌追肥用量和时间。

（2）浇水。棚内始终保持基质的相对含水量为 70%~80%。定植至开花期间，每 667m² 每次滴灌 5~8m³，间隔 1~2 天滴灌 1 次；开花后至拉秧期间，每 667m² 每次滴灌 10~15m³，间隔 1~2 天滴灌 1 次。若气温高，可每天上午和下午各滴水 1 次。冬季栽培基质相对含水量维持在 75%左右。春、秋季栽培基质相对含水量维持在 80%左右。

（3）空气湿度。通过地面覆盖、滴灌、暗灌，以及通风排湿等措施控制空气湿度。一般缓苗期要求空气温度 80%~90%；开花结瓜期空气温度 70%~85%。

4. 植株调整

植株采用绳子吊蔓、单蔓整枝方法，及早抹去侧枝、摘掉所有卷须，摘除 5 节以下的雌花。生长过程中要进行疏花疏果，一般每一节位留 1~2 个果，多余的和不正常的花果及时去除，及时打掉老叶、病叶。

（六）病虫害防治

1. 虫害防治

温室风口处设置 40 目的防虫网，防止粉虱、蚜虫、斑潜蝇侵入危害。棚内悬挂黄色、蓝色粘虫板诱杀蚜虫、粉虱、斑潜蝇、蓟马等害虫。规格 25cm×40cm，每 667m² 悬挂 30~40 块。

铺设银灰色地膜或张挂银灰膜条带驱避蚜虫。可用0.5%印楝素乳油600~800倍液，或用0.6%苦参碱水剂2 000倍液喷雾防治蚜虫、白粉虱、斑潜蝇等。可用2.5%乙基多杀菌素悬浮剂1 000~1 500倍液喷雾防治蓟马。

2. 病害防治

霜霉病：发病初期可用50%嘧菌酯水分散粒剂1 500~2 000倍液，或用52.5%的噁酮霜脲氰水分散粒剂1 500倍液，或用72.2%霜霉威水剂600倍液，或用50%烯酰吗啉可湿性粉剂1 000~1 500倍液均匀喷雾防治，间隔5~7天用药1次，连续防治2~3次。

白粉病：选用40%氟硅唑乳油3 000倍液，或用20%苯醚甲环唑微乳剂1 000~2 000倍液，或用12.5%烯唑醇可湿性粉剂1 000倍液，或用50%嘧菌酯水分散粒剂1 500~2 000倍液喷雾，交替用药，每7~10天用药1次，连续防治2~3次。

灰霉病：发病初期用50%嘧菌酯水分散粒剂1 500~2 000倍液，或用50%腐霉利可湿性粉剂1 000倍液，或用50%异菌脲可湿性粉剂1 000~1 500倍液，喷雾防治。

三、设施辣（甜）椒有机基质型无土栽培技术

（一）品种选择

越冬茬、冬春茬栽培选用耐低温弱光、生长势强的品种，辣椒品种有美钻尖椒、世纪椒王等，甜椒品种有红罗丹、雅曼特等；秋冬茬栽培选择抗病毒病、耐热的品种，辣椒品种如冀研13号、椒冠106等，甜椒品种如爱迪、山农二号等。

（二）培育壮苗

1. 播种育苗

根据季节的不同，选用温室、大棚等育苗设施，夏秋季育苗

应配有防虫遮阳设施，宜采用穴盘育苗。秋冬茬辣椒一般在7月上旬播种，越冬茬辣椒在7月中旬播种，冬春茬辣椒在11月下旬播种。将催好芽的种子播种在装有基质的穴盘内，播种深度4~6mm，播后覆盖消毒蛭石，淋透水。

2. 苗期管理

（1）温度管理。冬春育苗注意保温，秋季育苗在播种后到出苗期间均盖上遮阳网，出苗后卸去遮阳网。出苗前，白天温度保持在25~30℃，夜间温度保持在20℃以上。幼苗出土后，白天20~25℃，夜间15~18℃。苗出齐后，加强、加长光照及通风时间。

（2）水分管理。以中午前浇水为宜。阴雨天光照不足，湿度大，不宜浇水。夏季若阳光强烈，则要用遮阳网遮光补水。高温时要及时通风换气，保持空气的相对湿度在70%以下。

3. 炼苗

定植前7~10天，控制浇水，夏秋育苗逐步撤除遮阳网，增加通风量和光照；冬春育苗炼苗期，白天15~20℃，夜间5~10℃，在小苗不受冻害的情况下，夜间要尽量降低温度。

（三）栽培槽规格及基质种类

1. 栽培槽规格

槽间距为1.4~1.6m槽距，上口宽40cm、底宽和高均为25cm，横断面为等腰梯形栽培槽。

2. 适宜设施甜（辣）椒生长的较佳有机基质配方

适宜设施甜（辣）椒有机基质型栽培的基质配方为：

配方1：发酵稻壳、腐熟鸡粪、河沙配比为3∶1∶1。

配方2：发酵稻壳、腐熟鸡粪、腐熟牛粪、河沙配比为3∶1∶5∶1。

配方3：发酵菇渣、发酵稻壳、腐熟鸡粪、河沙配比为4∶2∶1∶1。

（四）定植

定植前，每 667m^2 施入磷酸二铵 35kg 作基肥，混匀后填入栽培槽内，定植前 3~5 天将基质浇透水。秋冬茬辣椒一般在 8 月上旬定植，越冬茬辣椒在 8 月下旬至 9 月上旬定植，冬春茬辣椒在 1 月下旬定植。秋冬茬、越冬茬选择阴天或晴天下午定植，冬春茬选择晴天上午定植。定植时要将苗坨栽到基质中，深度低于栽培穴，用基质覆盖苗坨后轻压。每槽定植两行，按 30~35cm 株距插花定植。定植后浇 1 次透水，越冬茬、冬春茬需在槽面覆盖地膜。

（五）定植后管理

1. 温度管理

定植后 3~5 天内，白天温度保持在 22~32℃，夜间温度保持在 15℃以上。缓苗后，白天温度保持在 25~30℃，夜间温度保持在 15~18℃。开花坐果后适当降低夜温，但不宜低于 12℃。冬春季注意防寒保温，经常清洁棚膜，当棚室内夜间温度过低时需进行人工补温。

2. 水分管理

定植后的缓苗期，每隔 2~3 天浇 1 次小水，基质见干见湿，以促进根系生长。门椒坐住后，隔天浇水，延长浇水时间，增加浇水量。进入结果盛期后，每天浇水 1~2 次，以保持基质含水量达 60%~85%为原则。阴天不浇水，低温天气控制浇水量，且于上午浇水。结果后期减少浇水量。夏秋季直接用井水，冬春季则用黑色水袋蓄水，以提高水温。

3. 施肥管理

门椒坐住后，开始追肥，采用水溶肥（如 $N-P_2O_5-K_2O$ 为 20-20-20+TE 或 16-6-25+TE）作追肥，每隔 5~7 天追施 1 次，每次 2~3g/株，大量挂果时则逐渐提高追肥量到 4~5g/株，结果后期减少施肥量。坐果期间叶面喷施保花保果肥和钙镁肥 4~6 次，也可叶面喷施 0.3%的磷酸二氢钾或尿素液，防止早衰。

4. 植株调整

当植株长至 30cm 高后，吊秧。可采用双干整枝、三干整枝或四干整枝，门椒以下的侧枝、老叶、病叶及时抹掉。结果期随时剪去多余枝条，疏去老叶、病叶、病果。门椒开花前吊秧。生长期间也要及时疏花疏果。

（六）病虫害防治

辣（甜）椒主要病害有苗期猝倒病、立枯病，生长期主要有病毒病、疫病、灰霉病和白粉病等；虫害有蚜虫、粉虱、蓟马和茶黄螨等。

1. 虫害防治

粉虱、蚜虫、斑潜蝇、蓟马：可在设施内挂黄、蓝色粘虫板诱杀，或风口处设置 40 目的防虫网，防止粉虱、蚜虫、斑潜蝇成虫侵入危害。铺设银灰色地膜或张挂银灰膜条带驱避蚜虫。也可用 2%武夷菌素水剂 200 倍液，或用 0.5%印楝素乳油 600~800 倍液，或用 0.6%苦参碱水剂 2 000倍液，或用 25%噻虫嗪水分散粒剂 5 000~6 000倍液，或用 10%吡虫啉可湿性粉剂 1 000~2 000倍液，喷雾防治。注意叶背面均匀喷洒。每 5~7 天防治 1 次，连续防治 2~3 次。

茶黄螨：可用 15%哒螨灵乳油 3 000倍，或用 20%甲氰菊酯乳油 1 500倍液，或用 1.8%阿维菌素 3 000倍液，或用 20%噻嗪酮乳油 1 000倍液均匀喷雾，每 5~7 天防治 1 次，连续防治 2~3 次。

2. 病害防治

猝倒病、立枯病：可选用 36%甲基硫菌灵悬浮剂 500 倍液，或用 72.2%霜霉威水剂 800 倍液加 50%福美双可湿性粉剂 800 倍液喷施，视病情 7~10 天喷施 1 次。

疫病：发病初期可用18.7%烯酰·吡唑酯水分散粒剂600～800倍液，或用72%霜脲·锰锌可湿性粉剂600～800倍液，或用60%吡唑醚菌酯水分散粒剂1 000～1 500倍液，或用77%可杀得500倍液，或用64%杀毒矾500倍液喷雾防治。还可用72%霜霉威水剂600～800倍液灌根，每株浇灌100～200ml。每5～7天防治1次，连续防治2～3次。

灰霉病：可用50%嘧菌酯可湿性粉剂1 000～1 500倍液，或用40%嘧霉胺悬浮剂1 000～1 200倍液，或用50%腐霉利可湿性粉剂800倍液喷雾，每7～10天防治1次，连续防治2～3次。

白粉病：可用40%氟硅唑乳油3 000倍液，或用12.5%烯唑醇可湿性粉剂1 000倍液，或用20%三唑酮乳油1 500～2 000倍液，每7～10天用药1次，交替用药，连续防治2～3次。

病毒病：注意防治烟粉虱，发病初期，及时拔除中心病株，其他植株可用1.5%植病灵乳油1 000倍液，或用20%盐酸吗啉胍可湿性粉剂500倍液，或用50%菌毒清水剂200倍液，喷雾防治。

四、设施甜瓜有机基质型无土栽培技术

（一）品种选择

甜瓜设施栽培应选择选择抗病能力强、适宜当地市场消费需求的品种。例如山东地区厚皮甜瓜品种黄皮类主要有：伊丽莎白、东方蜜等；网纹类型甜瓜品种有：鲁厚甜1号、翠蜜、西周密25等；薄皮甜瓜品种有：青州银瓜、花蕾、天蜜脆梨、白沙蜜等。

（二）选用壮苗

1. 播种

在正常天气状况下，冬春季节甜瓜育苗一般需30～35天

(4~6片真叶)，但也受外界气温及设施保温性能的影响，有些地区由于灾害性天气影响，实际需要40天以上，依次倒推计算出甜瓜播种期。将甜瓜种子播种于穴盘穴孔中，然后覆盖一层育苗基质，厚度一般中小种子1cm左右，中大种子为1.0~1.5cm，大种子为1.5cm。种子播好后，覆盖一层地膜，以保温、保湿，接穗比砧木晚播5~7天。砧木播于营养钵内，每个营养钵播种一粒种子，把刚露白的种子平摆在营养钵内土面的中心点，再下按0.5cm，然后再覆土1cm。

2. 嫁接

甜瓜嫁接可选用德高铁柱、全能铁甲、京砧4号等南瓜作砧木。主要采用靠接和插接等法。嫁接后1~3天不通风，白天进行遮阴，保持白天在25~28℃，夜间18~20℃，空气湿度达90%以上；以后逐渐加大通风透光量，10天后正常管理。对砧木子叶节萌发的不定芽及时除去。采用靠接法嫁接的瓜苗，在嫁接10天后及时对接穗进行断根、去夹。

（三）栽培槽规格及基质种类

1. 栽培槽规格

槽间距为1.4~1.6m槽距，槽上口宽40cm、底宽和高均为25cm，横断面为等腰梯形栽培槽。

2. 适宜设施甜瓜生长的较佳有机基质配方

适宜设施甜瓜有机基质型栽培的基质配方为：

配方1：发酵稻壳、腐熟鸡粪、河沙配比为3:1:1。

配方2：发酵稻壳、腐熟鸡粪、腐熟牛粪、河沙配比为3:1:5:1。

配方3：发酵菇渣、发酵稻壳、腐熟鸡粪、河沙配比为4:2:1:1。

（四）定植

当棚内栽培基质温度稳定在15℃时，坐水定植，在定植前

10~15 天定植棚浇一次透水。每一畦定植 2 行，株距 30cm，刨穴大小深浅以覆盖营养钵为宜，定植时浇穴水最好是在棚内提前晒好的温水。

(五) 定植后管理

1. 温度管理

定植后 5~7 天为缓苗期需要闭棚增温，促进缓苗，但温度控制不能超 35℃。缓苗后，白天温度 25~30℃、夜温 15~18℃为宜。坐瓜后可适当提高温度，白天保持 28~32℃，夜间 15~20℃。随着外界气温升高，棚室要及时通风。

2. 湿度管理

一般苗期到坐瓜期土壤湿度保持最大持水量的 70%，结果前期和中期保持 80%~85%，成熟期保持 55%~60%。生长期内以空气相对湿度 50%~60%为宜。

3. 肥水管理

定植水浇足。定植 3~4 天，轻浇一次缓苗水，利于缓苗。伸蔓期要及时浇水和追肥，结合浇水每 667m^2 冲施尿素 8~10kg。果实坐住后开始浇大水，同时每 667m^2 冲施水溶肥（如 N-P_2O_5-K_2O 为 20-20-20+TE）8~10kg。盛瓜期结合浇水每 667m^2 冲施高钾水溶肥（如 N-P_2O_5-K_2O 为 18-8-32+TE）10~15kg。瓜成熟期控制浇水，保持基质含水量 65%~75%。

4. 植株调整

厚皮甜瓜采取单蔓整枝，保留一条主蔓，吊秧栽培。当瓜秧长到 30cm 时，用绳牵引瓜蔓。主蔓在 27 节左右打顶。同时在顶部可留 1~2 个侧枝，以便再次坐瓜。杈长到 3~5cm 时，选择晴天打杈。

薄皮甜瓜采取多蔓整枝，爬地或吊蔓栽培。一般在主蔓有 5~6 片真叶时第一次摘心，子蔓长出后，每株可留健壮子蔓 3~4 条，每条子蔓 8~12 叶时第二次摘心，在子蔓 2~3 节处留孙蔓坐瓜，孙蔓花出现后留 3~4 叶摘心。除掉其余的子蔓和孙蔓。

5. 促进坐瓜、留瓜

厚皮甜瓜一般在主蔓第 12 至第 15 节开始留子蔓结瓜。

在预留节位的雌花开放时，于上午 9—11 时，用当天开放的雄花给雌花授粉。生产上也可用坐瓜灵处理，浓度为 200~400 倍液，方法是用微型喷壶对着瓜胎逐个充分均匀喷施，或用毛笔浸蘸坐瓜灵药液均匀涂抹瓜柄。

当幼果长到鸡蛋大小时，选留果形周正、无畸形、符合品种特征、节位适中的幼瓜。厚皮甜瓜一般小果型品种每株留 2 个瓜，大果型品种每株只留 1 个瓜；薄皮甜瓜的留瓜数量，根据果实大小及整枝方式而定，一般每株留 4~6 个瓜。多余的幼瓜摘除。

（六）病虫害防治

1. 虫害防治

蚜虫、白粉虱、斑潜：喷施 10%吡虫啉可湿性粉剂 4 000~6 000倍液，或用 2.5%联苯菊酯可湿性粉剂 2 000倍液，或用 3%阿维·高氯氟氰乳油 3 000倍液，连续进行叶面喷施 2 次，每 5~7 天 1 次。应交替用药。也可密闭棚室，用 1.5%虱蚜克烟剂进行熏蒸。每 667m^2 用量 400~500g，点燃冒烟，密闭 3h。

2. 病害防治

白粉病：发病初期喷施 40%氟硅唑乳油 8 000~1 000倍液，或用 62.25%腈菌唑·代森锰锌可湿性粉剂 600 倍液，或用 70%甲基硫菌灵可湿性粉剂 600~800 倍液+75%百菌清可湿性粉剂 600~800 倍液，或用 4%农抗 120 胶悬剂 600~800 倍液，每隔 5~7 天喷 1 次，连续喷 2~3 次。

疫病：用 72%霜脲锰锌可湿性粉剂 700 倍液，或用 72.2%霜霉威水剂 600 倍液，或用 25%甲霜灵可湿性粉剂 800~1 000倍液，或用 64%杀毒矾可湿性粉剂 400~500 倍液，或用 25%甲霜

灵加40%福美双可湿性粉剂按1∶1混合800倍液灌根，每株灌药液0.25~0.5kg，每隔7~10天1次，连续防治3~4次。

蔓枯病：在发病初期用10%苯醚甲环唑水分散粒剂1 500倍液+25%嘧菌酯悬浮剂1 500倍液，或用2.5%咯菌腈悬浮种衣剂1 000~1 500倍液，或用40%双胍辛烷苯基磺酸盐可湿性粉剂1 000倍液+75%百菌清可湿性粉剂600倍液，对水喷雾，视病情隔7~10天1次。重点喷洒植株中下部，病害严重时，可用上述药剂使用量加倍后涂抹病茎。

枯萎病：选用10%苯醚甲环唑水分散粒剂1 000~1 500倍液，或用20.67%氟硅唑·恶唑菌酮乳油2 000~3 000倍液，或用70%甲基硫菌灵可湿性粉剂800倍液，或用70%代森锰锌可湿性粉剂500倍液，以上药剂交替使用，用药方式可喷洒、灌根、涂茎相结合，视病情隔5~7天用药1次。

细菌性软腐病：可用20%叶枯唑可湿性粉剂600~800倍液，或用20%噻唑锌悬浮剂300~500倍液，或用12%松脂酸铜乳油600~800倍液，或用60%琥·乙膦铝可湿性粉剂500~700倍液喷雾防治，视病情隔5~7天喷1次。

五、设施韭菜有机基质型无土栽培技术

（一）品种选择

选择符合市场需求，抗病、耐寒、分蘖能力强和品质好的品种。例如：寿光独根红、雪韭791、汉中冬韭、平韭四号、平韭五号等。

一定要选择新种子，以保证发芽率。种子质量要求：种子纯度≥92%，净度≥97%，发芽率≥85%，含水量≥10%。

（二）播种育苗

韭菜基质栽培一般采用育苗移栽。韭菜育苗一般为露地育苗

和穴盘育苗 2 种。

1. 露地育苗

(1) 育苗适期。当地温稳定于 12℃以上，日平均气温 15~18℃即可播种。山东地区韭菜露地栽培播种时间一般在 3 月中下旬至 5 月上旬。

(2) 种子处理。韭菜露地栽培以干播种子为主，也可以采用催芽播种，即用 40℃温水浸种 12h，去除杂质，将种子冲洗干净，包到干净湿毛巾里，于 16~20℃条件下催芽。每天用清水冲洗 1~2 次，60%~70%种子露白即可播种。

(3) 播种

①整地施肥。选择土层深厚，土地肥沃，3~4 年内未种过葱蒜类蔬菜的土壤作为育苗地。整地前每 667m^2 撒施腐熟有机肥 4 000~5 000kg，复合肥 30kg，深翻细耙，作宽 1.2~1.5m 的育苗床，长度依地块而定。

②播种方法。每 667m^2 播种量为 5.0~6.0kg，可移栽地块面积是播种面积的 5~6 倍。一般采用湿播法，即播前将育苗畦内浇透水。水渗后，将种子掺 2~3 倍沙子或过筛炉灰渣，均匀撒播在畦内，覆盖过筛细土 1~1.5cm 厚，用铁耙耧平。

③播后管理。每 667m^2 选用 33%除草通乳油 150ml 或 48%地乐胺 200ml，对水 50kg 喷雾处理土壤。不要重喷或漏喷，药量和水量要准确，以免产生药害或无药效。然后覆盖地膜或草苫，保湿提温，待 70%幼苗顶土时除去苗床覆盖物。

(4) 苗期管理

①水肥管理。出苗前 2~3 天浇 1 次水，保持土表湿润，以利出苗。出苗后人工拔草 2~3 次。齐苗后至苗高 15cm，根据墒情 7~10 天浇水 1 次。结合浇水苗期追肥 2~3 次，每 667m^2 施尿素 6~8kg。雨季排水防涝，防止烂根死秧。

②防倒伏。夏季为加强韭菜植株培养，积蓄养分，一般不进

行收割。为防止倒伏后植株腐烂引起死苗，根据实际条件选择铁丝、竹竿材料，将韭菜叶片架离地面，保持韭菜畦内良好的通风透光条件。可喷施1~2次75%腐霉利可湿性粉剂1 200倍液，防治韭菜烂根烂叶。

2. 穴盘育苗

（1）育苗基质的配制和消毒。基质可选用草炭：蛭石按体积比1：1，或草炭：蛭石：珍珠岩＝3：1：1或4：2：1配制。每1m^{3}加入1~1.5kg速效水溶性肥料、100g多菌灵或200g百菌清。加水翻拌，使基质含水量达60%，判断标准为手抓成团、落地即散，拌匀后覆盖薄膜待用。

（2）基质装盘。播种前根据计划每穴播种粒数和需育苗子的大小选择穴盘，一般选用72孔或105孔黑色PS标准穴盘，使用前用40%福尔马林100倍液浸泡0.5h。将拌好的基质装入穴盘中，装盘时，以基质恰好填满穴盘的空穴为宜，稍加镇压，抹平。

（3）催芽及播种。将种子放在甲基硫菌灵700~1 000倍溶液中，浸泡10min左右捞出，洗净后均匀平铺在塑料盘中，上面覆盖塑料薄膜，置于催芽架上，在20~25℃条件下催芽，3~4天后，待70%种子露白时即可播种。

将催好芽的种子在72孔穴盘中每孔播8~10粒，105孔穴盘中每孔播3~6粒，播种深度1~1.5cm，播后覆盖基质，淋透水，覆盖薄膜。待出苗后撤掉塑料地膜。

（4）播后管理。播种出苗温度白天保持在20~25℃，夜间保持在15~18℃。出苗后，及时揭掉薄膜，逐渐增加见光时间，直至完全见光。当光照强、气温高时，可于上午11时至下午3时用遮阳网遮阳。出苗后第一片真叶现出时开始追肥，用500~1 000mg/kg水溶性肥料叶面喷施，根据基质湿度情况2天左右喷1次。

（三）栽培槽规格及基质种类

1. 栽培槽规格

槽间距：栽培槽槽间距一般以 1.4～1.6m 为宜，其中垄宽 0.2m 左右，各地也可根据当地栽培习惯确定合适的槽间距。栽培槽深度：栽培槽深度一般以 0.2m 为宜。栽培槽形式：矩形栽培槽。

2. 适宜设施韭菜生长的较佳有机基质配方

高俊杰等在研究以菌渣为主要原料的适宜设施韭菜生长的有机基质配方时，就开展了菌渣与稻壳、牛粪、沙子不同配比对韭菜产量的影响研究（表 6-3）。结果确定以菌渣为主要原料的适宜设施韭菜生长的有机基质配方为发酵菇渣、发酵稻壳、腐熟鸡粪、河沙配比为 4∶2∶1∶1。

表 6-3　以菌渣为主要原料的不同基质配方对设施韭菜产量的影响

处理	产量（kg/hm^2）				
	第一刀	第二刀	第三刀	第四刀	总计
菌渣∶稻壳∶牛粪∶沙子=6∶0∶1∶1	17 950	19 160	29 116	22 321	88 549
菌渣∶稻壳∶牛粪∶沙子=4∶2∶1∶1	18 320	21 146	34 966	28 644	103 078
菌渣∶稻壳∶牛粪∶沙子=3∶3∶1∶1	19 870	21 966	40 532	35 214	117 583
菌渣∶稻壳∶牛粪∶沙子=2∶4∶1∶1	21 931	26 456	36 211	27 621	112 220
菌渣∶稻壳∶牛粪∶沙子=0∶6∶1∶1	20 031	22 556	33 846	23 121	99 554

根据韭菜生长对环境条件的要求及试验研究，其他适宜韭菜生长的较佳基质配方还有：发酵稻壳、腐熟鸡粪、河沙配比为 3∶1∶1。

（四）定植

1. 定植适期

幼苗具有 4 叶 1 心，叶色浓绿，无病虫斑，株高 15～20cm，

根系发达，根坨成型时即可定植。

2. 定植方法

定植前 1~2 天，先将栽培基质浇透水。采用露地育苗的，于定植前一天浇水，韭菜起苗后抖净根部泥土，按大小苗分级，剪去须根末端，留根长 3~5cm；剪掉叶端，留叶长 8~10cm，准备定植。移栽时，精细理苗，去除弱苗、病苗和明显带虫的韭苗。移栽定植前，用杀虫剂喷淋或蘸根处理，晾干药液后方可定植，可以减少韭蛆在生产期的危害。

采用穴盘育苗的，起苗前先浇水，将韭菜植株从营养穴盘中取出，定植在挖好的基质穴中，一般行距 10~15cm，穴距 10~12cm。栽后覆基质浇透水。

3. 温度管理

定植后，白天温度保持在 20~25℃，夜间保持在 8~12℃。冬季应防寒保温，适时揭盖保温被，阴雪天及时清除积雪。3 月开始根据设施温度加大放风量，4 月后视气温可适时撤去棚膜。

(五) 定植后管理

1. 温、湿度管理

保持白天 20~24℃，夜晚 12~14℃。株高 10cm 以上时，保持白天温度 16~20℃，超过 24℃放风降温排湿，控制相对湿度 60%~70%，夜间温度 8~12℃。冬季最冷时日光温室内气温不低于 5℃。晴天时每天都要进行适时放风，降低棚内空气湿度，创造不利于病害发生的条件。

2. 基质水分

韭菜需水量较大，要根据基质墒情及时补充水分，一般基质相对含水量需要维持在 60%~80%为宜；收割期保持栽培槽见干见湿。收割后一般 2~3 天后滴灌浇水。

3. 肥料

由于基质中养分充足，第 1 刀可不用追肥；韭菜收割 1 刀后，每次收割 2~3 天后，结合浇水，每 667m^2 追施水溶性肥料 20~30kg。每次收割后在栽培槽内均匀撒入适量基质以防止跳根。日光温室有机质栽培韭菜一般收割 3~4 次后应停止收割，以便夏季养根、壮棵，促进秋冬季健壮生长。秋季韭菜再次生长前，可适量施入腐熟鸡粪，以满足韭菜下季生长养分需要。基质一般使用 3 年后，可将基质移出，重新换新基质进行栽培。

4. 扣棚韭菜管理

休眠期短的雪韭 791、雪韭王，叶子枯萎前后均可扣膜，也可提前 10 天左右（即 10 月底）先割一刀韭菜，再行扣膜。休眠期较长的独根红、汉中冬韭，须待地上部枯萎以后（即 11 月上中旬）扣膜生产。

扣棚初期一般不揭膜放风，主要为提升棚内温度，使棚内温度白天保持 20~24℃、夜间 10~12℃。韭菜萌发后白天温度控制在 15~25℃，当气温达到 25℃以上时要注意放风排湿，控制相对湿度 60%~70%，夜间温度应掌握在 10~12℃，最低温度不能低于 5℃。晴天时每天都要进行适时放风，降低棚内湿度，以减少病害的发生。

气温降至-10℃左右时，棚内增加二层膜或小拱棚，或大棚外面加草苫覆盖保温。立春后去掉棚内二层膜或小拱棚。

（六）病虫害防治

韭菜的主要病虫害是灰霉病、疫病、韭蛆、斑潜蝇等。

1. 农业防治

实行轮作换茬、控制湿度，可以减轻疫病发生。适当稀植，控制收割频率（韭菜 2 次收割间隔不宜低于 30 天，连续收割次数不宜多于 3 次），适当使用复合甲壳素有机水溶肥培育健壮根系，收割前后在地表撒施细沙和草木灰等均能减少韭蛆的危害。

2. 物理防治

（1）诱杀成虫。在韭菜棚内每 20m^{2}悬挂一块 20cm×30cm 的黄板，诱杀韭蛆成虫和斑潜蝇等。也可将糖、醋、酒、水和90%敌百虫晶体3∶3∶1∶10∶0.6的比例混合溶液，装在敞口容器内，每667m²放置1~3盆，用以诱杀韭蛆成虫。

（2）设置防虫网。在棚室通风口配用60目以上防虫网，防止韭蛆成虫、斑潜蝇侵入危害。夏季栽培可选用深色防虫网，其他季节栽培宜选用白色防虫网。

（3）臭氧熏蒸。韭菜收割后1~2天，清除设施内的植株残体，密闭棚室。释放臭氧消毒4~6h。在深秋至早春的季节，上午7—11时以及下午3—8时为理想操作时间。为保证臭氧的灭杀效果，应保证棚室的空气相对湿度在70%以上。

（4）日晒高温覆膜法。用日晒高温覆膜法，即沿着地表把韭菜割掉后，在上面盖一层薄膜，只要阳光充足，使根部温度达到42℃以上，并至少维持2h，可以杀灭土壤里的韭蛆。

3. 生物防治

（1）灰霉病。可用2%农抗武夷菌素水剂150~200倍液，或用10%多抗霉素可湿性粉剂600~800倍液，或木霉菌600~800倍液喷雾防治。

（2）韭蛆、斑潜蝇。可用5%除虫菊素乳油1 000~1 500倍液喷雾防治韭蛆成虫、斑潜蝇。可用1.1%苦参碱粉剂400倍液，或0.5%印楝素乳油600~800倍液，灌根防治韭蛆。也可用食诱剂防治害虫，每667m²使用100ml害虫生物食诱剂，按1∶1对水稀释后，加入专属配合药剂，搅拌配置好药液，均匀注入到专用诱捕箱底部垫片上，每667m²使用诱捕器1~3个。也可将昆虫病原线虫灌施于土壤中，可以杀灭韭蛆幼虫。

4. 化学防治

（1）灰霉病。发病初期，可用25%嘧菌酯悬浮剂1 500倍液，或用40%嘧霉胺悬浮剂1 000倍液，或用50%腐霉利可湿性粉剂1 000倍液等喷雾防治。7~10天喷1次，连续防治2~3次，以上药剂交替使用。

（2）疫病。发病初期，可用18.7%烯酰·吡唑酯水分散粒剂600~800倍液，或用72%霜脲·锰锌可湿性粉剂600~800倍液，或用80%的代森锰锌可湿性粉剂600~800倍液，或用60%吡唑醚菌酯水分散粒剂1 000~1 500倍液，喷雾防治。

（3）韭蛆。在幼虫发生期，每667m^2用240g的25%的噻虫胺水分散粒剂或噻虫嗪水分散粒剂，将药液对水成5 000~6 000倍液，在韭菜收割后2~3天，靠近韭菜根部基质表面喷药。

韭菜收割后2~3天，将药剂加适量细土混匀，一般每667m^2用细土30~40kg，撒施于韭菜根部，然后进行浇水。当发现韭菜叶尖发黄、植株零星倒伏时，用卸下喷片的手动喷雾器将药液喷入韭菜根部，水量依基质墒情而定。

成虫羽化盛期，选择具有熏杀和触杀作用强，且低毒低残的杀虫剂，于上午9—10时成虫活动旺盛时，进行喷雾，以杀死成虫。可用2.5%溴氰菊酯乳油2 000倍液，或用20%甲氰菊酯乳油2 000倍液，或用4.5%高效氯氰菊酯乳油4 500倍液在行间喷雾防治。

（4）斑潜蝇。在产卵盛期至幼虫孵化初期，可用50%灭蝇胺可湿性粉剂2 500~3 500倍液，或用10%吡虫啉可湿性粉剂1 000倍液喷雾防治。

参考文献

董邵云，曹力，张圣平，等 . 2013. 嫁接砧木对黄瓜外观品质及果实风味物质的影响［J］. 中国蔬菜（22）：44-51.

杜云飞，陈存广，颜薇 . 2015. 保护地蔬菜土壤板结形成原因及改良方法［J］. 科学种养（12）：37-38.

高俊杰，焦自高，于贤昌，等 . 2005. 施肥量对温室基质栽培甜瓜生理特性和产量品质的影响［J］. 西北农业学报，14（5）：92-96.

高俊杰，柳新明，于贤昌 . 2014. 日光温室韭菜有机基质栽培优质高效栽培技术［J］. 安徽农学通报，20（21）：49-50.

高俊杰，于贤昌，焦自高，等 . 2004. 施肥量对有机基质栽培厚皮甜瓜产量及硝酸盐含量的影响［J］. 山东农业科学（1）：58-59.

侯慧，董坤，杨智仙，等 . 2016. 连作障碍发生机理研究进展［J］. 土壤，48（6）：1068-1076.

胡永军 . 2011. 寿光菜农设施蔬菜连作障碍防控技术［M］. 北京：金盾出版社.

贾倩 . 2018. 蔬菜类作物根系分泌物化感作用研究初探［J］. 蔬菜（7）：21-23

焦自高，王崇启，董玉梅，等 . 2017. 设施西甜瓜根结线虫病的发生与防治技术应用［J］. 农业科技通讯（1）：211-213.

焦自高 . 2014. 山东设施甜瓜优质高产栽培技术［M］. 北京：中国农业科学技术出版社.

李济宸，冯秀华，李群 . 2010. 秸秆生物反应堆制作及使用［M］. 北京：金盾出版社.

李明霞，杨怀亮，李金忠，等 . 2008. 秸秆生物反应堆技术在温室番茄上的应用［J］. 中国瓜菜（3）：28-29.

李涛，于蕾，吴越，等. 2018. 山东省设施菜地土壤次生盐渍化特征及影响因素［J］. 土壤学报，55（1）：100-110.

李亚莉，侯栋，岳宏忠，等. 2018. 33份黄瓜核心种质对枯萎病的抗性评价及遗传特性研究［J］. 甘肃农业科技（1）：25-30.

连勇，刘富中，田时炳，等. 2017. “十二五”我国茄子遗传育种研究进展［J］. 中国蔬菜（2）：14-22.

刘华，杨成德，张广荣，等. 2015. 不同番茄品种对南方根结线虫病抗性的综合评价［J］. 中国蔬菜（6）：35-37.

王子璐，王祖伟. 2016. 设施土壤退化研究进展与展望［J］. 安徽农业科学，44（18）：95-98.

殷晓敏，金志强. 2016. 西瓜枯萎病综合防控技术规程［J］. 安徽农业科学，44（1）：184-186.

喻景权，杜尧舜. 2000. 蔬菜设施栽培可持续发展中的连作障碍问题［J］. 沈阳农业大学学报，31（1）：124-126.

曾路生，高岩，李俊良，等. 2010. 寿光大棚菜地酸化与土壤养分变化关系研究［J］. 水土保持学报，24（4）：157-161.

张宏宇，陈霞，左洪波，等. 2010. 中国现行推广黄瓜品种及种质资源对枯萎病的抗病性评价［J］. 东北农业大学学报，41（5）：36-41.

张金锦，段增强. 2011. 设施菜地土壤次生盐渍化的成因、危害及其分类与分级标准的研究进展［J］. 土壤，43（3）：361-366.

张世明，徐建堂. 2005. 秸秆生物反应堆新技术［M］. 北京：中国农业出版社.

张世明. 2012. 秸秆生物反应堆技术［M］. 北京：中国农业出版社.

张玉龙，张继宁，张恒明，等. 2003. 保护地蔬菜栽培不同灌水方法对表层土壤盐分含量的影响［J］. 灌溉排水学报，22（1）：41-44.

赵小翠，姜春光，袁会敏，等. 2010. 夏季种植甜玉米减少果类菜田土壤氮素损失的效果［J］. 北方园艺（15）：194-196.

周娟，袁珍贵，郭莉莉，等. 2013. 土壤酸化对作物生长发育的影响及改良措施［J］. 作物研究，27（1）：96-102.

Yu，J Q，Matsui Y. 1994. Phytotoxic substances in root exudates of cucumber［J］. Chem. Ecol.，20：21-31.